ABRÉGÉ

DE

LA GRAMMAIRE

FRANÇAISE

DE J. DESCAMPS,

AUTORISÉE PAR LE CONSEIL SUPÉRIEUR DE L'INSTRUCTION PUBLIQUE.

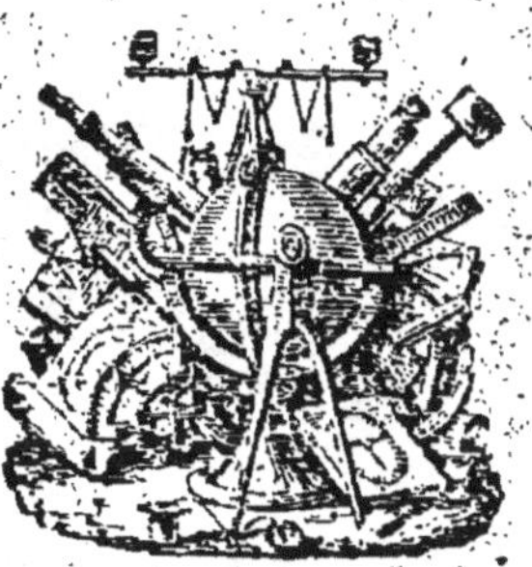

DOUAI.

ADAM D'AUBERS, IMPRIMEUR, RUE DES PROCUREURS.

—1832.—

ABRÉGÉ

DE LA

GRAMMAIRE

FRANÇAISE

De J. DESCAMPS,

AUTORISÉE PAR LE CONSEIL SUPÉRIEUR DE L'INSTRUCTION PUBLIQUE.

DOUAI.
ADAM D'AUBERS, imprimeur, rue des Procureurs, 12.
1852.

Tous les exemplaires sont revêtus de la signature de l'auteur.

ERRATA. — MM. les Instituteurs sont priés de vouloir bien corriger, dans les exemplaires remis entre les mains des élèves, les erreurs typographiques signalées ci-dessous, ainsi que toutes celles qu'ils pourraient rencontrer. Cela se peut faire sans inconvénient, le papier étant collé :

Page 37, ligne 11, au lieu de *dénomination*, lisez *détermination*.

— 41, lignes 28 et 29, au lieu de *optatique*, lisez *optatif*.

— 66, 2e col., au lieu de *assailli*, lisez *assaillant*.

— 70, 4e et 5e col., au lieu de *je m'assieds, je m'assis*, lisez *j'assieds, j'assis*.

— 118, ligne 1re, au lieu de *vérité*, lisez *vérités*.

— 120, ligne 17, au lieu de *avec*, lisez *avant*.

AVIS.

A MESSIEURS LES INSTITUTEURS.

Je n'ai pas cru devoir résister plus long-temps aux demandes réitérées qu'un grand nombre d'instituteurs et d'institutrices m'ont adressées. Toutefois, en appréciant ce qu'il y a d'utile dans ma *Grammaire*, ils ne pouvaient s'empêcher de regretter qu'elle contînt trop de règles qui sont au-dessus de l'intelligence des jeunes enfants, et qu'elle fût d'un prix qu'on ne met point ordinairement aux premiers livres destinés aux classes élémentaires.

Ces réclamations étaient justes; l'ouvrage, comme l'indique son titre, n'ayant d'ailleurs pas été fait pour les commençants. En voici donc un abrégé que je livre au public, sans prétention aucune, et, comme la première fois, pour obéir aux vœux de ceux qui m'ont honoré de leurs demandes.

Je n'aime pas les longues préfaces et je voudrais finir ici; cependant je dois dire quelques mots sur la manière dont il me paraît convenable que l'on commence l'étude de cette grammaire. Au lieu de débuter par la première page, il est plus naturel, et beaucoup le savent, de faire apprendre aux enfants les conjugaisons régulières. On peut même les enseigner aux enfants qui ne savent pas lire. En effet, réunissez autour de vous quatre, cinq, huit enfants tout jeunes, et dites-leur: «Mes enfants, si je parle de *regarder*, je dirai: Maintenant je.....» Réponse du premier enfant: «Je regarde.»— Le Maître. «Maintenant tu....»—L'enfant. «Tu regardes, etc.» En passant à l'imparfait, on dira : « Hier, je.... (il s'agit toujours de regarder.) » — L'enfant. « Je regardais..... » — Le Maître. « Demain je..... » — L'enfant. « Je regarderai. » Etc., etc.

Il me paraît inutile de continuer ; chacun s'y prendra à sa manière, et fera bien sans doute, s'il comprend l'importance de cet exercice. Je ferai observer, pour finir, que dans cette méthode de conjugaison élémentaire, l'instituteur ne rencontrera de difficulté sérieuse que pour l'imparfait du subjonctif. En effet, lorsqu'il dira à l'enfant au sujet du verbe *chanter*, par exemple : « *Hier il a fallu que je....* » — L'enfant répondra « *que je chante* » probablement, et non *chantasse*. Mais on conçoit qu'au bout de deux ou trois explications, il comprendra une règle que beaucoup de grandes personnes même ignorent.

Je n'ai pas cru devoir donner la formation des temps, regardant comme préférable que l'instituteur donne aux enfants un tableau de formation, comme il est indiqué dans ma première *Grammaire*.

Enfin, je prie ceux qui feront usage de mon livre de remarquer qu'ils peuvent sans inconvénient ne commencer qu'au chapitre III, et laisser d'abord les deux autres pour y revenir plus tard. Je laisse à leur sagacité de passer ainsi quelques articles qu'au premier abord les enfants pourraient trouver difficiles, mais qu'ils comprendront cependant si l'on a soin de les leur expliquer d'une manière simple. Je ne parle ici que d'après ma propre expérience.

Puisse cet opuscule répondre à l'attente de tous ! C'est ma seule ambition comme la seule récompense que j'envie.

J. D.

Douai, le 15 septembre 1852.

ABRÉGÉ

DE

GRAMMAIRE FRANÇAISE.

CHAPITRE 1er.

NOTIONS PRÉLIMINAIRES.

1.—La Grammaire est la science du langage, « la science des signes de la pensée » (Boiste), et l'on donne par extension le nom de *Grammaire* au livre qui en contient les principes.

2.—Le langage est l'ensemble des signes qui concourent à exprimer la pensée. Il y a trois sortes de langage : le langage des gestes, le langage parlé, le langage écrit.

Le langage des gestes a dû précéder les autres ; le langage parlé ou la parole est celui qui forme la langue, et dont s'occupe la Grammaire ; le langage écrit ou l'écriture n'est que la parole rendue stable, de fugitive qu'elle était.

3.—La langue est l'ensemble des sons soit simples, soit articulés, dont une société se sert pour exprimer ses idées et ses pensées.

4.—Des sons se forment les *mots*, ainsi appelés du *mouvement* des organes servant à la parole.

5.—Les idées sont les connaissances acquises soit à l'aide des sens, soit par le travail intérieur de l'intelligence, s'exerçant sur les connaissances déjà acquises à l'aide des sens.

6.—Des idées se forment les pensées ou jugements.

Mais les pensées sont d'abord intérieures : si nous les exprimons, nous formons une proposition. Donc la proposition est l'expression de la pensée ; c'est la pensée rendue sensible aux autres.

7. — Une proposition, ou l'ensemble de plusieurs propositions concourant à exprimer une pensée totale, se nomme *phrase* ; et une phrase, ou l'ensemble de plusieurs phrases concourant à exprimer, à développer une vérité, se nomme *discours*.

8.—Outre les mots qui varient d'une langue à l'autre, puisqu'ils ne sont que les signes *conventionnels* des idées, chaque langue a des expressions, des tournures particulières, *propres* à elle seule ; on les appelle *idiotismes*.

Les tournures propres à la langue française se nomment *gallicismes ;* à la langue grecque, *hellénismes ;* à la langue latine, *latinismes ;* à la langue hébraïque, *hébraïsmes*, etc.

9. — Les éléments de la parole sont les sons, soit simples, soit articulés ; ceux de l'écriture sont les lettres.

Les lettres, signes des sons et des articulations, sont donc les caractères qui servent à former les mots écrits.

10. — Parmi les lettres, nous distinguerons celles qui servent à représenter les sons simples, et celles qui modifient ces sons et en forment des sons articulés. De là ces dernières lettres se nomment *articulations* [membres, jointures, ou plus communément *consonnes* (*qui sonne avec*), deux dénominations identiques.]

11.—Les sons simples, ou plutôt les caractères qui les représentent, prennent le nom de *voyelles ;* comme n'indiquant qu'un seul son de voix.

Nous avons dans notre langue six voyelles, qui sont : *a*, *e*, *i*, *o*, *u*, *y*. Mais comme les sons exprimés par ces voyelles ne sont pas les seuls qui existent, on les modifie, dans notre langue, soit par un accent, soit en les combinant entre eux, ou avec une consonne. L'*y* n'est lui-même le plus souvent qu'une modification de l'*i*. En effet, il vaut deux *i* entre deux voyelles, ou même après une voyelle dans le corps des mots. Ex. : *moyen*, *noyau*, *pays*, qu'on prononce moi-ien, noi-iau, pai-is. Partout ailleurs l'*y* équivaut à un seul *i*.

12. — Nous avons vingt consonnes ou articulations, qui sont b, c, d, f, g, h, j, k, l, m, n, p, q, r, s, t, v, w, x, z.

13. — REMARQUE. — De ces consonnes, trois sont doubles, w, x, z. Ayez soin de prononcer l'*x* comme *cs* ou *gs*, et non comme *sc*, ce que bien des gens font souvent à tort : ainsi *excuses* doit se prononcer comme s'il y avait *ecscuses*, et non pas *escuses* ; *exemple*, comme s'il y avait *egsemple*.

14. — L'*h* peut être nulle dans la prononciation, comme dans ce mot : l'*honneur* parle. Mais quelquefois elle fait prononcer la voyelle qui suit avec aspiration, comme dans le mot *héros*.

Je chante ce *héros* qui régna sur la France. (VOLT).

Dans le premier cas, l'*h* est muette ; dans le second, elle est *aspirée*.

15. — Tout son, soit simple, soit accompagné d'une ou de plusieurs articulations, se nomme *syllabe* (assemblage) ; ainsi il y a dans un mot autant de syllabes qu'il y a de sons distincts, prononcés séparément. Ex. : Il sera malheureux ; *il* forme une syllabe ; *sera* en forme deux ; *malheureux*, trois.

16. — Un mot d'une syllabe est un monosyllabe ; le vers suivant ne contient que des monosyllabes :

Le ciel n'est pas plus pur que le fond de mon cœur. (RAC.)

Un mot de deux syllabes est un *dissyllabe* ; un de trois est dit *trissyllabe* ; et en général on nomme *polysyllabe* tout mot qui a plusieurs syllabes, quel qu'en soit le nombre.

17. — Parmi les syllabes, on distingue les diphthongues (deux sons), parce qu'elles font entendre un son double, bien que prononcées en un seul jet, par une seule émission de voix, comme dans ces mots : *voix*, *Dieu*, *lui*, etc.

Mais si les deux sons se prononcent l'un après l'autre, il n'y a plus diphthongue, il y a deux syllabes : *Sion*, *miasme*.

18. — Parmi les sons les uns sont longs, les autres sont brefs ; de là les voyelles longues et les voyelles brèves.

19.—Outre les lettres et les mots dont notre langue se compose, il est d'autres signes encore qu'il est nécessaire de connaître, mais que nous ne ferons qu'indiquer ici, ces signes n'étant qu'accessoires. Nous en dirons l'emploi après avoir traité des parties essentielles du discours. Les signes accessoires sont :

1° Les *accents*, aigu (´), grave (`), circonflexe (^).

2° Le *tréma* (¨), autre sorte d'accent formé de deux points.

3° L'*apostrophe* (')

4° Les *guillemets* (« »).

5° Les signes de ponctuation, qui sont : la *virgule* (,), le *point-virgule* (;), les *deux-points* (:), le *point* (.), le *point interrogatif* (?), le *point exclamatif* (!), et les *points suspensifs* (.....).

6° La *parenthèse* ( ).

7° Le *tiret* et le *trait d'union* (— -).

8° La *cédille* (¸).

Tels sont les différents signes dont l'emploi est indispensable, si l'on veut écrire correctement notre langue.

20.—L'art d'écrire correctement une langue s'appelle *orthographe*.

L'orthographe se divise en orthographe *absolue*, ou des mots pris isolément, et en orthographe *grammaticale*, ou des mots combinés dans les phrases, selon les règles de la Grammaire.

CHAPITRE II.

DIFFÉRENTES ESPÈCES DE MOTS.

21. — Si nous considérons les mots de cette proposition, *la terre est ronde*, nous voyons que *la terre* représente une chose ; le mot *est* affirme que cette chose existe, et lie le mot *ronde* avec *la terre* ; enfin *ronde* marque ce qu'est la terre, comment elle existe. De là trois sortes d'idées différentes : idée d'être ou de chose ; idée de liaison, d'union ; idée de manière d'être, de qualité ; et conséquemment trois sortes de mots différents.

22. — Le mot qui représente un être ou un objet se nomme *substantif* ; le signe de la liaison se nomme *verbe* (parole) ; le mot qui exprime la qualité du substantif se nomme *adjectif* (qui ajoute).

23. — Mais ces trois espèces de mots ne sont pas les seules qui existent dans notre langue ; on en reconnaît dix, qui sont : le *substantif*, l'*article*, l'*adjectif*, le *pronom*, le *verbe*, le *participe*, l'*adverbe*, la *préposition*, la *conjonction* et l'*interjection*.

Les six premières espèces de mots renferment les mots *variables*, ainsi nommés parce qu'ils sont susceptibles de changer de terminaisons ; les quatre autres renferment les mots *invariables*, c'est-à-dire les mots dont la terminaison est toujours la même.

CHAPITRE III.

DU SUBSTANTIF.

§ I. — Définition.

24.—Les mots qui désignent, qui représentent les êtres, les *substances*, s'appellent *substantifs*. Le *substantif* est donc un mot qui réveille en nous l'idée d'un être, d'un objet quelconque, soit *physique* (existant matériellement), soit *intellectuel* (produit du travail de l'intelligence).

Le *substantif* s'appelle aussi *nom*, parce qu'il sert à *nommer* les êtres qu'il représente. Mais la dénomination de substantif est préférable : 1° en ce que c'est la substance, l'objet même qu'on envisage, quand on prononce le signe qui l'indique ; 2° en ce que le mot *nom* peut servir aussi à désigner les autres espèces de mots, et convenir, par exemple, à l'*adjectif*, qui nomme les qualités.

§ II.—Classification.

25.—Il était impossible que l'on donnât un nom particulier à tous les êtres ; la mémoire de l'homme eût été impuissante à les retenir. C'est pourquoi, d'après le plus ou moins de ressemblance que les objets ont entre eux, on les a réunis en certaines *classes*, appelées *genres* et *espèces*.

26.—Le *genre* est une classe d'êtres comprenant plusieurs subdivisions, qui forment aussi des classes, mais qui prennent le nom d'*espèces* (points de vue, apparences, portions du genre). Le *genre* devient *espèce*, si on le compare avec une classe plus étendue, et réciproquement l'*espèce* devient *genre*, si on la compare avec une classe plus restreinte.

Ex.—*Genre.* — *Les enfants* sont volages.
Espèce. — *Les enfants dociles* sont chéris de leurs maîtres.

La signification des substantifs peut être plus ou moins étendue, selon l'emploi qu'on en fait dans le discours.

27. — Les noms donnés aux classes, c'est-à-dire aux genres et aux espèces, sont dits substantifs *communs*, parce qu'ils sont *communs*, qu'ils peuvent *s'appliquer également* à tous les individus de la même classe. Ainsi le nom *arbre* est commun aux *pommiers*, aux *abricotiers*, et peut convenir à chaque pommier, à chaque abricotier, c'est-à-dire que chaque pommier, chaque abricotier est un arbre. De même tous les arbres qui portent des *pommes* sont des pommiers. Le nom *pommier* est donc commun à chacun de ces individus.

Mais il est des individus qu'on a besoin de distinguer des autres : à ceux-là on donne un nom particulier, un nom qui leur est *propre*.

Les noms donnés aux individus particuliers pour les distinguer *nominativement* de tous les autres de la même classe, sont dits substantifs *propres* (comme étant la propriété particulière de ces êtres). Ainsi le nom *Charles* distingue un homme des autres hommes, ou du moins de ceux dont il est besoin de le distinguer ; le nom *Médor* distingue un chien des autres chiens ; le nom *Lune* distingue un astre de tous les autres astres ; le nom *Paris* distingue une ville des autres villes. *Charles*, *Médor*, *Lune*, *Paris* sont des substantifs *propres*. Tous les noms d'hommes et de femmes, de villes et de villages, de rivières, de pays, de montagnes sont des substantifs propres.

Il est vrai que plusieurs hommes s'appellent *Charles*, plusieurs villes *Paris*, etc. ; mais *Charles*, *Paris* ne sont pas substantifs communs, parce qu'ils ne conviennent pas à tous les hommes, à toutes les villes.

28. — Bien que les substantifs communs réveillent dans l'esprit l'idée d'une classe d'individus, ils peuvent ne s'appliquer pourtant qu'à un seul, comme

un homme, *cette ville*, *l'astre du jour*, etc. Toutefois, il en est qui expriment toujours et nécessairement une réunion, une *collection* d'êtres, comme *peuple*, *troupe*, *nombre*, etc. On les appelle substantifs *collectifs*.

Les *collectifs* se divisent en *généraux* et *partitifs*. Ils sont *généraux* quand ils désignent tous les objets dont il s'agit. Exemple :

Le printemps arrive avec son gracieux *cortége* d'oiseaux et de fleurs. (Louise Sw. Belloc.)

Ils sont *partitifs*, quand ils ne désignent qu'une partie des êtres dont il s'agit. Exemple :

Rome arma *un nombre d'hommes* prodigieux. (Mont.)

C'est-à-dire *beaucoup d'hommes*, et non pas *tous*.

29.—Enfin l'alliance ordinaire de certains mots les a fait réunir en un seul; c'est ce qu'on appelle *substantifs composés*, comme *chef-d'œuvre*, *pour-boire*, *tiers-état*, *casse-cou*. Bien que formées de plusieurs parties, ces expressions ne représentent qu'une idée.

§ III. — Détermination.

30.—La signification du substantif est *déterminée* ou *indéterminée*. *Déterminer* signifie *borner*, *préciser*; donc déterminer un substantif, c'est en préciser la signification de manière qu'on ne puisse ni l'étendre ni la restreindre, de manière qu'elle soit la même pour tous les esprits. Si je dis, par exemple : *le livre* de *mon frère* est plus beau que le mien; les substantifs *livre* et *frère* sont déterminés ; car il est impossible qu'on entende par ces mots, tels qu'ils sont ici employés, autre chose que ce que j'entends moi-même, c'est-à-dire un livre particulier, un homme particulier.

Au contraire, le substantif est *indéterminé* quand sa signification n'est pas bien *précisée*, en sorte qu'on est libre de l'étendre plus ou moins, comme celle du mot *homme* dans cette phrase : voilà une belle tête d'*homme*. Ici le mot *tête* est déterminé jusqu'à un certain point ; mais le mot *homme* ne l'est pas. Il ne s'agit pas, en effet, d'un homme plutôt que d'un autre; il s'agit d'un homme quelconque, tel que chacun veut l'imaginer. C'est ce vague dans l'étendue de signification d'un mot qui fait dire que ce mot est *indéterminé*.

On conçoit aisément que la signification d'un substantif peut être *plus ou moins déterminée*.

Ainsi donc *déterminer* ne veut pas toujours dire *restreindre*, comme quelques-uns le pensent. Un mot peut être pris dans sa signification la plus étendue et être cependant déterminé, c'est-à-dire présenter à l'esprit une signification tellement précise, tellement nette, qu'elle ne laisse rien à l'arbitraire. Dans cette phrase : *la terre est ronde*, le mot *terre*, pris dans sa signification la plus étendue, est néanmoins déterminé, vu que tout le monde entend par là ce que nous entendons nous-mêmes, ni plus ni moins.

§ IV. — Propriétés.

31. — Quand, dans le discours, il est question d'un objet *unique* dénommé par le substantif, il y a *unité, singularité* ; s'il est question de *plusieurs* objets, il y a *pluralité*. Dans le premier cas, on dit que le substantif est *singulier* (un, unique, particulier) ; dans le second cas, le substantif est dit du *pluriel* (plusieurs).

Les substantifs ont donc la *propriété* d'indiquer l'unité ou la pluralité des objets : cette propriété s'appelle *nombre* (qui compte). Il y a deux *nombres* : le *singulier* et le *pluriel*. Exemple du singulier : *votre frère est malade* ; exemple du pluriel : *vos frères sont malades*.

32. — La race humaine est naturellement divisée en deux grandes *classes* : *les hommes* et *les femmes* ; les animaux sont également divisés en deux grandes *classes*, *les mâles* et *les femelles* : de là deux sexes (séparation, division) ; le sexe *masculin* (des mâles), et le sexe *féminin* (des femelles). Ces deux sexes en grammaire prennent le nom de *genres* (famille, espèce). Il y a donc deux genres ; *le genre masculin* et *le genre féminin*.

Ainsi les substantifs ont pour seconde propriété la distinction des sexes, propriété qu'on appelle *genre*.

33. — Quant aux objets inanimés, comme ils n'ont pas de sexe, on les a classés arbitrairement dans l'un ou dans l'autre sexe. Ainsi, par exemple, *château*, *palais* sont du genre masculin, tandis que *chaumière*, *maison*, sont féminins.

Les noms communs devant lesquels on peut mettre *le* ou *un*, sont masculins ; ceux devant lesquels on peut mettre *la* ou *une* sont féminins.

34. — Chaque substantif n'a ordinairement qu'un genre ; il est ou masculin ou féminin ; mais tous les substantifs paraissent pouvoir être employés au singulier et au pluriel. Cependant, il en est qui s'emploient presque généralement au singulier, comme *or*, *plomb*, *faim*, *solidité*, etc., et d'autres qui ne se disent qu'au pluriel, comme *pleurs*, *funérailles*, etc.

§ V. — Formation du pluriel.

Les substantifs pouvant prendre les deux nombres, doivent nécessairement subir une modification quand ils sont employés au pluriel. L'idée changeant, la forme doit changer aussi.

35. — Règle générale. — Tous les substantifs sont terminés par une *s* au pluriel : les *héros*, les *arts*, les *villes*, les *caractères*. Exemple :

Les *princes* ont dans leur vie des *périodes* d'ambition. (Montesquieu.)

Cette règle générale donne lieu à certaines règles particulières qui se déduisent de la terminaison des substantifs au singulier.

36. — Règles particulières. — 1° Tout substantif qui se termine au singulier par *s* ne change pas au pluriel : il en est de même de ceux qui se terminent

par *x* (équivalant à *ds, ts*), et par *x* (équivalant à *gs, cs*) : les *héros*, les *fils*, les *nez*, les *prix*. Ex. :

En qualité de philosophe, il allait dans tous les *pays*. FÉNELON.

Je vais retourner dans mes *bois*. (LE PR. DE LIGNE.)

37.— 2° Tout substantif qui ne se termine point par une *s* au singulier en prend une au pluriel : singulier, *ville, siége, soulier, clou, épouvantail, gant, loi* ; pluriel, *villes, siéges, souliers, clous, épouvantails, gants, lois*. — *Gent* perd le *t* devant *s* : *gens*, et change de signification. — Ex. :

Toute la République alarmée ne songea qu'à s'enfoncer dans les *trous*. (FÉNELON.)

Quelques-uns de ses *disciples* chassaient les *mouches* devant lui avec des *éventails* de queue de paon. (B. DE ST-PIERRE.)

Si je sors de mon trou pour passer chez quelque *gent* voisine, c'est de même. (LE PR. DE LIGNE.)

Les *gens* les plus complaisants et les plus empressés ne sont pas les plus sûrs. (FÉNELON.)

38.— EXCEPTIONS.—I. Sept substantifs en *ou* prennent, au lieu de *s*, la lettre composée *x* ; ce sont : *bijou, caillou, chou, genou, hibou, joujou, pou*. Ex. :

Les *bijoux* de Cornélie sont la plus noble parure d'une mère. (BOISTE.)

Les appareils à vapeur n'avaient été jusque-là que de simples *joujoux*. (*Magasin pittoresque*.)

39. — II. Les substantifs en *au* et en *eu* prennent également *x* au lieu de *s*, excepté *landau*, qui suit la règle générale. Ex :

Les grands *vaisseaux* étaient désavantageux. (MONT.)

Toutes deux firent tant que notre tête grise
Demeura sans *cheveux*. (LAF.)

Calèches, chars-à-bancs, *landaus* étaient remplis de la foule des promeneurs. (J. JANIN.)

40.— III. La plupart des noms en *al* au singulier changent cette finale en *aux* au pluriel. Ex. :

Les *chevaux* numides et espagnols étaient meilleurs que ceux d'Italie. (MONTESQUIEU.)

Le sénat voyait de près la conduite des *généraux*. (Id.)

Suivent la règle générale les substantifs *bal, car-*

naval, *régal*, et quelques noms étrangers qui ont cette finale, comme *chacal*, *nopal*. Ex. :

Les princes et leurs partisans passent leur temps aux *bals* et aux festins. (BONNECHOSE.)

41. — IV. SIX noms en *ail* changent aussi cette finale en *aux* ; ce sont : *bail*, *émail*, *corail*, *soupirail*, *vitrail*, *ventail*.

42. — NOMS QUI ONT DEUX FORMES POUR LE PLURIEL. — 1° *Aïeul*, pluriel *aïeuls*, s'il s'agit du grand-père paternel ou maternel. Ex. :

Il a hérité de ses deux *aïeuls*. (BOISTE.)

Pluriel *aïeux*, s'il désigne les ancêtres en général. Ex. :

Qui sert bien son pays n'a pas besoin d'*aïeux*. (VOLT.)

2° *Ail*, pluriel *ails*, selon Gattel ; *aulx*, selon Boiste.

Tu peux choisir, ou de manger trente *aulx*,
Ou de souffrir trente bons coups de gaule. (LAF.)

3° *Ciel*, pluriel *cieux* dans l'acception générale du mot. Ex. :

Que la terre est petite à qui la voit des *cieux* ! (DELILLE.)

Pluriel *ciels* dans une acception particulière ou figurée, comme *ciel de lit*, *ciel de carrière*, etc. Exemple :

Ce peintre fait bien les *ciels*. (ACAD.)

NOTA. — On appelle *acception* ou *sens figuré* l'emploi d'un mot pour désigner une idée autre que celle pour laquelle il a été inventé. Cette dernière acception est l'acception *propre*, ou *première*, ou *primitive*. Ainsi *ciel*, signifiant l'espace où roulent les astres, est pris dans son *sens propre* ; et signifiant la première couche d'une carrière (*ciel de carrière*), il est pris dans un *sens figuré*.

4° *OEil*, pluriel *yeux*, pour désigner l'organe de la vue chez les hommes et chez les animaux, et ce qui y ressemble. Ex. :

Les censeurs jetaient les *yeux* tous les cinq ans sur la situation actuelle de la République. (MONTESQ.)

pluriel *œils*, toutes les fois qu'il s'agit d'une chose qui pourrait se confondre avec les *yeux* d'un animal ; comme *œils-de-bœuf* (fenêtre ronde ou ovale), pour ne pas confondre avec les *yeux* du bœuf. — *OEils-de-perdrix*, genre de broderie, pour distinguer des *yeux de la perdrix*, etc. Mais on dira : les *yeux* du bouillon, du fromage, attendu qu'on ne peut pas confondre cette expression avec les *yeux* d'un animal quelconque.

Les pierres appelées *œils-de-poisson*, quoique assez rares, ne sont pas d'un grand prix. (Buffon.)

5° *Travail*, pluriel *travaux*, quand il signifie ouvrage en général. Ex. : Les *travaux* du corps et de l'esprit se soulagent mutuellement. (Boiste.) — Pluriel *travails*, s'il s'agit de comptes rendus par des chefs d'administration à un supérieur (peu en usage), ou d'une machine où l'on ferre les chevaux. Ex. :

Le ministre a eu cette semaine plusieurs *travails* avec le roi. (Bescherelle.)

§ VI.

43. — Un substantif peut être employé adjectivement ; alors il se construit comme attribut, et il est ordinairement indéterminé comme l'adjectif. Ex. : Un père est toujours *père*. (Dumarsais). Le mot *père*, attribut, est ici un véritable adjectif.

CHAPITRE IV.

DE L'ARTICLE.

§ I. — Définition.

44. — L'article (membre, jointure), est un mot que l'on place devant le substantif déterminé. — Son nom lui vient de ce qu'il est toujours joint au substantif, qu'il ne peut s'en séparer, qu'il en est

comme un membre ; car si on l'en sépare, il change de nature et n'est plus article, ainsi que nous le verrons au chapitre du pronom.

L'article a trois formes : *le* pour le masculin, *le* peuple ; *la* pour le féminin, *la* vertu ; *les* pour le pluriel, soit masculin, soit féminin, *les* hommes, *les* femmes.

§ II. — Modifications.

45.—*Le*, *la* perdent les voyelles *e*, *a*, devant les mots commençant par une voyelle ou une *h* muette —14— ; ainsi on doit écrire *l'amour*, *l'honneur*, *l'âme*, *l'histoire* ; pour *le amour*, *le honneur*, *la âme*, *la histoire*. Dans ce cas, l'article est dit *élidé* (écrasé), parce qu'une de ses parties est en effet écrasé par le mot suivant.

Il faut excepter les mots *onze*, *onzième*, *ouate* et *oui*, devant lesquels l'article ne s'élide pas. Ex. :

C'est aujourd'hui le *onze*; je suis le onzième. (BESCH.)

46.— Quand les mots déterminés par l'article sont précédés de *de*, au lieu de *de le*, on emploi *du* ; et, au lieu de *de les*, on emploie *des*. Ex. : la voix *du* maître doit être écoutée; — la voix *des* maîtres doit être écoutée.

Point de changement avec le féminin *la*.

De même, quand les mots déterminés par l'article sont précédés de *à*, au lieu de *à le*, on emploie *au* ; et, au lieu de *à les*, on emploie *aux*. Ex. : faites l'aumône *au* pauvre, *aux* pauvres.

Songe *aux* cris *des* vainqueurs, songe *aux* cris *des* mourants. (RACINE.)

La combinaison de l'article avec *à* et *de* ne se fait que devant les consonnes et les *h* aspirées. Devant une voyelle ou une *h* muette, l'article s'élide. Ex. : Appliquez-vous *à* l'étude *de* l'histoire. — Au pluriel la combinaison a toujours lieu. Ex. : La conduite *des* hommes n'est pas toujours d'accord avec leurs maximes.

Cette combinaison de l'article *le*, *les*, avec *à* et *de* devant une consonne ou une *h* aspirée se nomme *contraction* (assemblage, réunion); et l'article est dit alors *article contracté*.

CHAPITRE V.

DE L'ADJECTIF.

§ I. — Définition. — Division.

47. — Les êtres subsistent, mais ils subsistent de telle ou de telle *manière*, avec telle ou telle *qualité*. Le mot qui exprime la *manière d'être*, *la qualité* du substantif, se nomme *adjectif* (qui ajoute), parce qu'il *ajoute* en effet une modification quelconque à l'idée représentée par le substantif.

Dans ce sens, l'adjectif est dit qualificatif. Ex. :

Une république *sage* ne doit rien hasarder qui l'expose à la *bonne* ou à la *mauvaise* fortune. (MONTESQUIEU.)

Les mots *sage*, *bonne*, *mauvaise* sont des *adjectifs qualificatifs*, puisqu'ils *ajoutent* une *qualité* aux substantifs *république* et *fortune*.

48. — Mais il est d'autres mots qui, sans marquer la qualité du substantif, y *ajoutent* une modification, en ce qu'ils déterminent, précisent la signification du substantif, quand l'article ne suffit pas. Exemple :

Votre compassion, lui répondit l'arbuste,
Part d'*un* bon naturel...
Le vent redouble *ses* efforts. (LAFONTAINE.)

Les mots *votre*, *un* et *ses* déterminent la signification des substantifs devant lesquels ils se trouvent. En effet, l'idée de *compassion* ne peut s'étendre à une compassion autre que celle du chêne, à qui s'adresse l'arbuste; l'idée de *efforts*, à d'autres efforts qu'à ceux du vent, etc. *Votre*, *un*, *ses* sont des adjectifs *déterminatifs*.

49. — Les adjectifs soit qualificatifs, soit détermi-

natifs, sont soumis aux lois du substantif, et par conséquent prennent les modifications de genre et de nombre, afin que leur rapport avec le substantif soit mieux marqué. Aussi les adjectifs ont-ils généralement une forme particulière pour le masculin et pour le féminin, pour le singulier et pour le pluriel.

§ II. — Adjectif qualificatif.

DU GENRE.

50. — RÈGLE GÉNÉRALE. — Tout adjectif se termine au féminin par un *e* muet. Ex. : une *belle* maison, une maison *charmante*.

51. — RÈGLES PARTICULIÈRES. — 1° Tout adjectif terminé au masculin par un *e* muet ne change pas au féminin. Ex. :

Et la rame *inutile*
Fatigua vainement une mer *immobile*. (RACINE.)

52. — 2° Tout adjectif terminé au masculin par une consonne ou par une voyelle autre qu'un *e* muet, en prend un au féminin. Ex. : une rose *fanée*, *flétrie*, *commune*.

53. — NOTA. — Les adjectifs en *er* au masculin prennent de plus un accent grave sur l'*e* pénultième au féminin. Ex. :

L'homme en sa course *passagère*
N'est rien qu'une vapeur *légère*
Que le soleil fait dissiper. (J.-B. ROUSSEAU.)

54. — EXCEPTIONS. — 1° Quelques adjectifs doublent leur dernière consonne avant l'*e* muet qu'on ajoute pour former le féminin ; ce sont les adjectifs terminés au masculin par *as*, *eil*, *el*, *en*, *ès*, *on*, *ot*, *os*. Ex. :

Songe, songe, Céphise, à cette nuit *cruelle*,
Qui fut pour tout un peuple une nuit *éternelle*. (RACINE.)

Cette politique n'était guère *bonne* que pour un règne. (MONTESQUIEU.)

Julien et Valentinien avaient à cet égard rétabli les *anciennes* peines. (*Idem.*)

— Suivent la même règle *nul*, *gentil*, *paysan*, *épais*, *métis*.

55.—REMARQUES. 1° Quelques adjectifs aux finales précitées suivent cependant la règle générale. L'usage les apprendra mieux que toutes les règles. Exemple :

Ces exercices propres d'une vie spirituelle et *dévote* ont leurs difficultés et leur sujétion. (BOURDALOUE.)

56.—2° Des adjectifs en *et*, les uns doublent le *t* devant l'*e* muet final du féminin, les autres prennent l'*è* grave sans doubler le *t* ; ces derniers sont : *complet*, *concret*, *discret*, *inquiet*, *replet*, *secret*. Ex. :

Les douleurs *muettes* sont hors d'usage. (LAB.)
La correction laisse au cœur une plaie *secrète*. (FÉN.)

57.—3° Les adjectifs en *f* changent cette lettre en *v* devant l'*e* muet du féminin, et ceux en *x* le changent en *s*. Ex. :

Ils jugèrent qu'il fallait donner aux soldats de la légion des armes *offensives* et *défensives*. (MONT.)
Je ne veux point faire des réflexions *odieuses* sur ce dessein. (*Idem.*)

NOTA.—Les adjectifs *faux*, *roux*, *préfix*, *vieux*, *doux*, font au féminin *fausse*, *rousse*, *préfixe*, *vieille*, *douce*. Ex. :

Les hommes sont des fous d'aimer tant les *fausses* richesses. (FÉNELON.)
Le bon pasteur préfère une *douce* insinuation. (*Idem.*

58.—4° *Jumeau*, *beau*, *nouveau*, *fou*, *mou* font au féminin *jumelle*, *belle*, *nouvelle*, *folle*, *molle*. — (On dit aussi au masculin devant une voyelle ou une *h* muette, *bel*, *nouvel*, *fol*, *mol.*) Ex. :

La partie est *belle*. (V. HUGO.)
Trois voûtes *jumelles*. (A. BARBIER.)

59.—5° Les adjectifs en *eur* ont plusieurs formes pour le féminin.

I. Ceux qui se forment régulièrement d'un partipe présent par le changement de *ant* en *eur*, font au féminin *euse*. Ex. : *chanteur*, *chanteuse*, *joueur*, *joueuse*, *pêcheur*, *pêcheuse*.

Que faisiez-vous au temps chaud,
Dit-elle à cette *emprunteuse* ? (LAF.)

REMARQUE.—*Chanteur* fait aussi *cantatrice* pour désigner une *chanteuse* de profession. Du reste, ce mot est plutôt substantif.

II. Ceux en *teur* font leur féminin en *trice*, à moins qu'ils ne rentrent dans la règle précédente. Ex. : *inspecteur*, *inspectrice*, *protecteur*, *protectrice*.

On blâme mes paroles *accusatrices*.

Sortons de Babylone, *persécutrice* des enfants de Dieu. (FÉNELON.)

III. Les adjectifs en *érieur* suivent la règle générale, ainsi que *majeur*, *meilleur*, *mineur*. Ex. :

Les crimes politiques n'attaquent de la société que ses formes extrêmes et *extérieures*. (DE PEYRONNET.)

60.—6° Font exception à toutes les règles précédentes les adjectifs suivants :

masculin.	féminin.	masculin.	féminin.
Benin,	Benigne.	Juif,	Juive *ou* judaïque.
Blanc,	Blanche.		
Caduc,	Caduque.	Laïc,	Laïque.
Coi,	Coite.	Long,	Longue.
Enchanteur,	Enchanteresse.	Malin,	Maligne.
Favori,	Favorite.	Pécheur,	Pécheresse.
Frais,	Fraîche.	Public,	Publique.
Franc,	Franche *ou* franque.	Sec,	Sèche.
		Traître,	Traîtresse.
Grec,	Grecque.	Turc,	Turque.
Hébreu,	Hébreue *ou* hébraïque.		

EXEMPLES DIVERS.

On croirait voir voguer sur le fleuve inconstant
Le nid d'une *blanche* colombe. [V. HUGO.]

Mes sœurs, l'onde est plus *fraîche* aux premiers feux du jour. (ID.)

Alors descendront en Gaule ces bandes *franques*, vierges de toute civilisation romaine. (BURETTE.)

Ces fêtes sanglantes se renouvelèrent jusqu'à l'entière destruction de la noblesse *grecque*. [ETON.]

Cette lutte doit être *longue* et pénible. [LA HARPE.]

On recherche avec une curiosité *maligne* quelques fautes dans ce qui est excellent. (ID.)

Thérèse lut les confessions de Saint-Augustin, où Dieu a donné pour la suite de tous les siècles une source inépuisable de consolations aux âmes les plus *pécheresses*. (FÉNELON.)

Ne disposaient-elles pas en souveraines de la fortune *publique* ? (MONT.)

Une *traîtresse* voix bien souvent nous appelle. (LAF.)

Vous répandez une lumière vivifiante; mais aussi de vous sortent des ténèbres *vengeresses*. (FÉNELON.)

61.— 7° *Châtain*, *fat*, *dispos* ne s'emploient pas au féminin.

62.—8° *Témoin* sert pour les deux genres. Ex. :

Ils échangeaient leurs armes sur la pierre, *témoin* de la foi jurée. (MEURET.)

63.—Observons que les mots *auteur*, *professeur*, *littérateur*, non-seulement n'ont pas de forme correspondante au féminin (bien loin qu'ils soient des adjectifs), mais encore qu'ils ne peuvent jamais être accompagnés d'un adjectif au féminin. On dira donc, en parlant d'une femme : *Ce spirituel auteur*, *ce bon professeur*.

On lit dans le *Magasin pittoresque* au sujet de Mme de Staël :

Cet illustre écrivain cherche à établir une distinction, d'ailleurs nécessaire, entre les philosophes mystiques.

DU NOMBRE.

64.—RÈGLE GÉNÉRALE.—Tout adjectif est, comme le substantif, terminé par une *s* au pluriel : un *vieux* livre, de *vieux* livres, une *noble* vertu, de *nobles* vertus.

65. — RÈGLES PARTICULIÈRES. — 1° Tout adjectif terminé au singulier par une *s* ou par un *x* nechange pas au pluriel. Ex. :

Il n'y a guère eu d'empereur plus *jaloux* de leur autorité que Tibère et Sévère. (MONT.)

Cet enfant a les yeux *gris*.

66.— 2° Tout adjectif non terminé par une *s* au singulier en prend une au pluriel. Ex. :

Les empereurs pris ordinairement dans la milice furent presque *tous étrangers* et quelquefois *barbares*. (MONT.)

67.—EXCEPTIONS A CETTE RÈGLE.— 1° Les adjectifs en *au* prennent *x* au lieu de *s*. Ex. :

De *nouveaux* monstres prirent leur place. (MONT.)

68.—2° Les adjectifs en *al* font pour la plupart leur pluriel en *aux*. Ex. :

Ce sont des *brutaux* dont il faut éviter la rencontre.
(*Leçons de la Sagesse.*)

Cependant quelques-uns suivent la règle générale. Ex. :

Gestes théâtrals. (BOISTE)

C'étaient des combats *navals* non moins cruels que ceux des gladiateurs. (TOULOTTE.)

Les habitans de Nias sont industrieux, *frugals*, exacts à remplir leurs devoirs. (WALCKENAER.)

L'usage seul peut faire connaître les uns et les autres.

69.—L'adjectif peut être employé substantivement ; cela arrive quand il désigne un être ou un objet. Mais alors il y a toujours un substantif sous-entendu. Ex. :

Le *vrai* persuade, c'est-à-dire ce qui est vrai, l'être vrai ou la vérité. (DUMARSAIS.)

§ III. — Adjectifs déterminatifs.

70. — Les adjectifs déterminatifs sont divisés en quatre classes, d'après la nature de l'idée qu'ils ajoutent au substantif en le déterminant. Ce sont : les adjectifs *numéraux*, les adjectifs *démonstratifs*, les adjectifs *possessifs*, et les adjectifs *indéfinis*.

1° ADJECTIFS NUMÉRAUX.

71.—Les adjectifs numéraux ou de nombre déterminent le substantif en y ajoutant une idée de nombre ou d'ordre. De là deux sortes d'adjectifs numéraux : les *cardinaux* et les *ordinaux*.

I. Les *cardinaux* sont ainsi appelés parce qu'ils sont la source (la base), d'où l'on tire les ordinaux. Tous les nombres sont des adjectifs cardinaux : *un*, *deux*, *vingt*, *cent*, *mille*, *vingt-cinq*, etc. Ex. :

Un roitelet pour vous est *un* pesant fardeau. (LAF.)

De *mille* soins divers l'alouette agitée
S'en va chercher pâture.... (Id.)

II. Les adjectifs *ordinaux* marquent l'*ordre* (le rang), d'où vient leur nom. On les forme des cardinaux, en y ajoutant la terminaison *ième*, mais en ayant soin de faire disparaître l'*e* final, s'il y en a un. Ex. :

Cardinaux.	*Ordinaux.*	*Cardinaux.*	*Ordinaux.*
Un,	Unième,	Quarante-cinq,	Quarante-cinquième.
Deux,	Deuxième.	Soixante,	Soixantième.

1° On voit que *cinq* forme exception. Cela vient de ce que la lettre *q*, si elle n'est point finale, doit être suivie de *u*.

2° *Neuf* fait également exception ; la lettre *f* se change en *v* par raison de prononciation : *neuvième*.

REMARQUE. — Unième ne s'emploie que dans les expressions composées, *vingt-unième*, *cent-unième*, etc. Quand cet adjectif doit être seul, on le remplace par *premier*. De même, *deuxième* se remplace par *second* quand on ne parle que de deux objets, sans aucune idée d'un plus grand nombre. Ex. :

C'est déjà une assez grande licence de présenter une *seconde* fois au public ce qui lui a été soumis une *première*. (THÉOD. JOUFFROY.)

Si l'on a idée de série, on emploie ordinairement *deuxième* ; mais on peut aussi employer *second*, comme le prouve l'exemple suivant :

Il attacha sept historiographes à la cour. Le *premier*, sous le nom de grand historien, était chargé de recueillir tous les faits concernant le gouvernement général de la Chine ; le *second* tenait registre de tout ce qui concernait les états feudataires ; le *troisième* conservait les souvenirs des phénomènes célestes ; le *quatrième*, les phénomènes terrestres ; le *cinquième*, les ordonnances impériales ; le *sixième*, les faits relatifs aux relations extérieures ; le *septième*, enfin, écrivait l'histoire particulière de l'empereur et de sa famille. (PH. LE BAS.)

2° ADJECTIFS DÉMONSTRATIFS.

72.—Ils sont ainsi appelés parce qu'on ne les emploie que quand on montre, pour ainsi dire, l'objet, l'être qu'ils déterminent, ou au moins quand on vient de l'indiquer, d'en parler récemment. Ces adjectifs sont : *ce*, *cet* masculins, *cette* féminin, *ces* pluriel des deux genres. Ex. :

Mais quittez *ce* souci.... (LAFONTAINE.)
Comme il disait *ces* mots.... (Id.)

Et *cette* alarme universelle
Est l'ouvrage d'un moucheron. (Id.)

REMARQUE.— *Ce* s'emploie devant les consonnes et les mots commençant par une *h* aspirée —14— *ce* soucis, *ce* héros.

Cet s'emploie devant une voyelle ou une *h* muette; *cet* enfant, *cet* homme.

Le *t* final est dit *t* euphonique, c'est-à-dire ajouté pour la douceur de la prononciation. En effet, il serait trop dur de dire *ce* enfant, *ce* homme.

3° ADJECTIFS POSSESSIFS.

73.—Ils sont ainsi appelés parce qu'ils ajoutent au substantif une idée de possession, c'est-à-dire qu'ils indiquent à qui appartient l'objet dont on parle. Ces adjectifs sont.

Masc.	*Fém.*	*Pluriel des deux genres.*	
Mon	Ma	Mes —	En rapport avec la personne qui parle.
Ton	Ta	Tes —	— avec la pers. à qui on parle.
Son	Sa	Ses —	— avec la pers. dont on parle.
Notre	Notre	Nos —	— avec les pers. qui parlent.
Votre	Votre	Vos —	— avec les pers. à qui on parle.
Leur	Leur	Leurs —	— avec les pers. dont on parle.

EXEMPLE :

Le lion tint conseil, et dit : *mes* chers amis,
Je crois que le ciel a permis
Pour *nos* péchés cette infortune... (LAFONT.)

Mes est en rapport avec le lion qui parle.

Nos est en rapport avec tous ceux qui sont présents, et qui, s'ils parlaient, emploieraient la même expression : ils devraient indiquer que les péchés sont communs à eux tous.

REMARQUE.—Au lieu de *ma*, *ta*, *sa*, l'euphonie exige qu'on emploie *mon*, *ton*, *son*, devant un substantif féminin commençant par une voyelle ou une *h* muette. Ex. :

Il entendit ses cris, *son* âme en fut émue. (FLORIAN.)

4° ADJECTIFS INDÉFINIS.

74.—On appelle adjectifs indéfinis ceux qui ne déterminent la signification du substantif que d'une manière vague, générale, indéfinie. Ex. :

Tout homme est mortel.

Tout ajoute bien une idée de détermination, puisqu'il distingue la signification du mot *homme*. Il me fait entendre chaque homme en particulier, mais il laisse au mot homme une signification vague, générale, en ce qu'il ne s'agit pas d'un homme plutôt que d'un autre.

Les adjectifs indéfinis sont : *aucun*, *nul*, *pas un*, *quel*, *quelconque*, *même*, *tout*, *autre*, *quelque*, *un* signifiant *certain*, *maint*. Ex. :

Elle vit *un* manant en couvrir *maints* sillons. [LAF.]

Tout soldat était également citoyen ; *chaque* consul avait une armée ; et *d'autres* citoyens allaient à la guerre sous celui qui succédait. (MONT.)

CHAPITRE VI.

DU PRONOM.

75.—Toute personne qui parle peut s'attribuer à elle-même l'action dont elle parle : *j'ai fait cela* ; elle peut l'attribuer à une *autre* personne à qui elle parle : *tu as fait cela*, ou *vous avez fait cela* ; elle peut l'attribuer à une *troisième* personne connue : *il* ou *elle a fait cela*. Si la personne dont on parle n'est pas déjà connue, on la désigne par son nom, au lieu d'employer *il* ou *elle*. On voit que l'acte de la parole peut se rapporter à trois personnes différentes dans le discours ; à la personne qui parle d'elle-même (1re personne) ; à la personne à qui on parle (2e personne) ; à la personne dont on parle (3e personne).

Pour exprimer ce rapport de l'acte de la parole à la personne, on ne pouvait se servir du nom des personnes mêmes, si l'on a voulu être clair. En effet, je suppose que trois personnes se nomment Charles ; je dirai, en me servant de ce nom : *Charles a fait cela*. Je m'appelle Charles, tu t'appelles

Charles ; une troisième personne s'appelle Charles. De qui s'agit-il ? On ne peut le savoir, à moins qu'un geste d'indication ne désigne spécialement la personne ; et l'on conçoit l'imperfection d'une langue qui n'eût pu être parlée que par des personnages en présence les uns des autres, et au grand jour.

Il a donc fallu, de toute nécessité, inventer des mots pour désigner les trois relations de la personne à l'acte de la parole ; et ces mots, mis à la place du *nom* de la personne dont il s'agit, s'appellent *pronoms*. Ainsi le pronom est un mot mis à la place du nom (substantif).

76.—Les pronoms, tels que nous venons de les considérer, sont mis pour désigner la personne même dans son rapport à l'acte de la parole ; on les appelle pronoms personnels. Ces pronoms sont :

	Singulier.	*Pluriel.*
1re pers.	Je, me, moi.	Nous.
2e —	Tu, te toi.	Vous.
3e —	Il, elle, lui, le, la.	Ils, elles, eux, leur, les.

Des deux nombres.

3e pers. Se, soi, en, y.

77. — Remarques. — 1° *Nous* et *vous* s'emploient aussi pour le singulier *je* et *tu*, par politesse ; il en est de même des adjectifs possessifs *notre* et *votre* qui y correspondent, et que l'on emploie pour *mon*, *ton*. Ex. :

Vous seul pouvez parler dignement de *vous-même*. (Voltaire.)

Nous sommes *historien* et non *critique*. (V. Hugo.)

2° Nous avons déjà vu *leur* employé comme *adjectif* possessif. Il faut observer que comme pronom, il ne prend jamais d'*s* parce qu'il est déjà du pluriel et signifie *à eux*. Ex. :

Ils ont méconnu les titres des princes les plus sages et les plus vertueux au respect de la postérité, et *leur* ont dérobé une gloire bien méritée. (Roederer.)

3° *Le*, *la*, *les*, ordinairement articles, devien-

[illegible] personnels quand ils n'accompagnent pas [illegible]stantif. Ex. :

> [illegible] le dit. (FLOR.)
>
> [illegible] maux, lui dit-il, et vous avez les vôtres ;
> [illegible]-*les*, mon frère, ils seront moins affreux. (ID.)

[illegible] Outre les pronoms personnels, il en est d'au[illegible] moins indispensables auxquels le besoin de la variété et d'une plus grande précision dans le discours a donné naissance. Ces pronoms se divisent en [illegible] espèces selon l'idée qu'ils ajoutent aux [illegible] dont ils tiennent la place.

[illegible] PRONOMS DÉMONSTRATIFS.

[illegible]. — Si je dis en parlant d'un chat :

> *C'était* un chat vivant comme un dévot ermite. (LAF.)

le mot *ce* équivaut à *ce chat*, il tient donc la place d'un substantif, c'est conséquemment un pronom. Mais outre qu'il tient la place d'un nom, il semble nous indiquer, nous *montrer* l'être qu'il désigne d'une manière toute particulière.

Les pronoms qui ajoutent ainsi au substantif dont ils tiennent la place, une idée d'indication, de *démonstration*, sont dits pronoms *démonstratifs* ; ces pronoms sont :

	Masculin.	*Féminin.*
Singulier :	ce, celui, celui-ci, celui-là, ceci, cela.	Celle, celle-ci, celle-là.
Pluriel :	ceux, ceux-ci, ceux-là.	Celles, celles-ci, celles-là.

80. — REMARQUES. — 1° Nous avons déjà vu *ce* employé comme adjectif déterminatif, mais alors il est toujours accompagné d'un substantif. Ex. :

> *Ce* pays semble avoir conservé les délices de l'âge d'or. (FÉNELON.)

Comme pronom, au contraire, il est toujours suivi d'un pronom conjonctif ou est accompagné d'un verbe. Ex. :

> Est-*ce* toi, chère Élise ? (RACINE.)
>
> [illegible] estiment que *ce* qui sert véritablement aux besoins de l'homme. (FÉNELON.)

2° L'*e* de *ce* s'élide devant le verbe *être* partout

où celui-ci commence par une voyelle et devant le pronom *en*. Ex. :

C'en est fait, il n'est plus, *c'est* un tyran funeste.
(J.-B. ROUSSEAU.)

3° *Ceci*, *cela* ne sont autre chose que le pronom *ce* déterminé par les mots *ci*, *là*. C'est comme si l'on disait : *ce* que vous voyez *ici*, *ce* qui est *ici* ; *ce* que vous voyez *là*, *ce* qui est *là*.

PRONOMS POSSESSIFS.

81.— Quand on dit : ils ont horreur de notre politesse, il faut avouer que *la leur* est grande dans leur aimable simplicité (Fénélon) ; cette expression *la leur* remplace *leur politesse* ; c'est donc un pronom.

Mais outre que ces mots remplacent le substantif politesse, ils y ajoutent l'idée de possession ; c'est en effet comme si on disait : *la politesse qu'ils ont*.

Les pronoms qui ajoutent ainsi au substantif dont ils tiennent la place une idée de possession sont dits pronoms *possessifs*. Ces pronoms sont :

Masculin sing.	*Féminin sing.*
Le mien.	La mienne.
Le tien.	La tienne.
Le sien.	La sienne.
Le nôtre.	La nôtre.
Le vôtre.	La vôtre.
Le leur.	La leur.
Masculin plur.	*Féminin Plur.*
Les miens.	Les miennes.
Les tiens.	Les tiennes.
Les siens.	Les siennes.
Les nôtres.	Les nôtres.
Les vôtres.	Les vôtres.
Les leurs.	Les leurs.

82. — REMARQUE. — Rapprochez ces pronoms des adjectifs possessifs dont ils ne diffèrent pour la plupart que par l'article. Ils ne sont, du reste, eux-mêmes que d'anciens adjectifs. Ex. : Un *mien* cousin est juge-maire (Laf.). La suppression du substantif les fait pronoms (mis pour un nom) ; ils en tiennent la place.

2° REMARQUE.— Le *nôtre*, le *vôtre*, pronoms,

prennent l'accent circonflexe ; au lieu que *notre*, *votre*, adjectifs psssessifs, ne le prennent pas. Ex. :

Notre orateur demande grâce à ses lecteurs. (Guér.)
Vos intérêts ici sont conformes aux *nôtres*.
Les ennemis du roi ne sont pas tous les *vôtres*. (Rac.)

PRONOMS CONJONCTIFS.

83. — Dans ces phrases : ils s'aiment tous d'un amour maternel *que* rien ne trouble ; — c'est le retranchement des vaines richesses et des plaisirs trompeurs, *qui* leur conserve cette paix, cette union et cette liberté. (Fénélon.)

Le mot *que* remplace *amour*, le mot *qui* remplace *retranchement*, ce sont des pronoms ; mais outre qu'ils tiennent la place du substantif, ils unissent, ils *joignent* la partie de phrase qui suit à celle qui précède, ou mieux, au substantif qu'ils représentent.

Les pronoms qui unissent ainsi un membre de phrase (une proposition) à un mot qu'ils remplacent ; sont dits pronoms *conjonctifs*. Le mot auquel le pronom conjonctif lie la 2e proposition, s'appelle *antécédent*. — Les pronoms conjonctifs sont *qui*, *que*, *quoi*, *dont*, *duquel*, *de laquelle*, *auquel*, *à laquelle*, *où*, *d'où*. Ex. :

Les Vandales, quittant l'Espagne, par faiblesse, passèrent en Afrique, *où* ils fondèrent un grand empire. (Mont.)

Ceux *qui* liront l'histoire de Pachymère connaîtront bien l'impuissance *où* étaient et *où* seront toujours les théologiens, par eux-mêmes, d'accommoder leurs différends. (Id.)

84. — Remarque. *Où* et *d'où* ne sont pronoms conjonctifs que quand ils sont précédés d'un substantif, qui est leur antécédent ; alors *où* peut se tourner par *auquel*, *à laquelle*, *dans lequel*, etc., et *d'où* par *duquel*, *de laquelle*, *desquels*, etc. Ex. :

Un miroir merveilleux et d'utile fabrique
Où se peignait par art le naturel des gens,
Attirait, au milieu d'une place publique,
Les regards de tous les passants. (Aubert.)

C'est-à-dire, *dans lequel* se peignait.

PRONOMS INTERROGATIFS.

85.— Dans ce vers de Racine :

Pourquoi l'assassiner ? *qu*'a-t-il fait ? à quel titre ?
Qui te l'a dit ?

les mots *que*, *qui*, signifiant, le premier, *quelle chose*, le second, *quelle personne*, sont encore des pronoms ; mais ils ne peuvent plus être conjonctifs, ainsi qu'à l'article précédent, car ils ne se rapportent à aucun antécédent. Ici ils servent à former une interrogation directe.

Les *pronoms* qui servent à former une *interrogation* directe sont dits *pronoms interrogatifs*. Ces pronoms sont : *qui*, *que*, *quoi*, *où* et *d'où* ; ils équivalent à un substantif précédé de *quel*. Ex. : *D'où* tenez-vous cette nouvelle ? c'est-à-dire, *de quelle source*, *de quelle personne* tenez-vous cette nouvelle ?

PRONOMS INDÉFINIS.

On voit une vaste forêt de cèdres antiques. (FÉN.)
Je ne pouvais rassasier mes yeux du spectacle magnifique de cette grande ville, où *tout* était en mouvement. (ID.)

Dans la première phrase, *on* signifie *les hommes* ; dans la seconde, *tout* signifie *toute chose*. Les mots *on* et *tout* sont donc des pronoms, puisqu'ils tiennent la place de certains substantifs. Mais les idées d'êtres qu'ils expriment sont indéterminées et vagues.

Les *pronoms* qui représentent les êtres ou les choses d'une manière vague, générale, indéterminée, indéfinie, sont dits *pronoms indéfinis*. En effet, *on* peut être dit pronom indéfini ; *pronom*, parce qu'il est mis pour un nom de personne ; *indéfini*, parce que l'étendue de signification qu'on lui donne n'est pas précisée, déterminée, définie ; il s'agit d'un plus ou moins grand nombre de personnes qu'on ne fixe pas.

Ces pronoms sont : *autrui*, *chacun*, *on*, *personne*, *quiconque*, *quelqu'un*, *l'un*, *l'autre*, et de plus les adjectifs indéfinis *certain*, *tel*, *nul*, *aucun*, *le même*, *plusieurs*, *tout*, etc., quand ils ne sont pas accompagnés d'un substantif. Ex. :

Quiconque pense au crime est près de s'y résoudre. (CH. NODIER.)

Toutes ces nations barbares se distinguaient *chacune* par leur manière de combattre. (MONT.)

Comme les Grecs avaient vu passer successivement tant de diverses familles sur le trône, ils n'étaient attachés à *aucune*. (ID.)

Le même craignait que Dieu ne lui demandât compte du temps qu'il employait à gouverner son état. (ID.)

87. — REMARQUES. — 1° Nous avons déjà vu *tout* adjectif déterminatif; nous le voyons maintenant pronom; il peut être encore adjectif qualificatif, et dans ce cas il signifie tout entier. Il est toujours précédé de l'article et ne se dit qu'au singulier, à moins qu'il ne soit après le substantif qu'il qualifie. Ex. :

O folie monstrueuse! O renversement de *tout* l'homme! (FÉNELON.)

Rome avait soumis *tout* l'univers avec le secours des peuples d'Italie. (MONT.)

Enfin *tout* peut être substantif comme dans cette phrase : le *tout* est plus grand que la partie, c'est-à-dire *la totalité*. Alors il conserve le *t* au pluriel, tandis qu'il le perd comme adjectif et comme pronom.

2° *Nul*, qui signifie *aucun* comme adjectif et comme pronom indéfini, devient adjectif qualificatif quand il est placé après le substantif auquel il se rapporte. Ex. : vos raisons sont *nulles*.

Il en est de même de *certain*. — C'est une chose *certaine*.

CHAPITRE VII.

DU VERBE.

§ I. — Définition.

88. — *Verbe* signifie parole; le *verbe* s'appelle ainsi, parce que, outre l'idée de l'existence du sujet, il

exprime le rapport de l'attribut à ce même sujet ; et que, sans ce rapport, il serait impossible d'exprimer une pensée (proposition). On pourrait bien à la vérité donner des idées d'être et de manières d'être ; mais cela ne formerait pas une pensée ; c'est le verbe qui la constitue.

La parole (expression de la pensée) dépend donc du verbe.

Tout mot devant lequel on peut placer les pronoms *je*, *tu*, *il*, est un verbe ; ainsi *être*, *briller*, *prendre* sont des verbes ; on peut dire, en effet, *je suis*, *tu brilles*, *il prend*.

89 — On a défini le verbe de bien des manières différentes. Nous pouvons dire que *le verbe est le mot qui exprime que le sujet est ou qu'il fait quelque chose.*

90. — Quand le verbe se présente sous sa forme simple, sans être combiné avec l'attribut, il s'appelle verbe *substantif* ; comme Dieu *est* bon.

S'il est combiné avec l'attribut, comme dans *il brille*, qui est mis pour *il est brillant*, on l'appelle verbe *attributif* ou *adjectif*.

§ II. — Différentes sortes de verbes.

91. — Parmi les verbes attributifs, il y en a qui expriment une *action* faite par le sujet et transmise *directement* sur un objet qui est le résultat *immédiat* de cette action. Ex. : *Romulus fonda Rome*. *Romulus*, sujet, qui fait l'action ; *fonda*, voilà l'action ; *Rome*, résultat immédiat de l'action. Ces sortes de verbes s'appellent *transitifs* (où l'action passe *directement* sur un objet.)

On reconnaît mécaniquement qu'un verbe est *transitif*, quand, après ce verbe précédé de *je*, on peut ajouter *quelqu'un* ou *quelque chose*. Ainsi dans la phrase suivante : je ne *sais* quel sort *attend* ces essais ni quelle figure ils *pourront faire* (Théod. Jouffroy), on trouvera que *savoir*, *attendre*, *pouvoir*, *faire*, sont des verbes transitifs, parce qu'on peut dire : je peux quelque chose, etc.

92. — Au lieu de dire : *Romulus fonda Rome*, je

[illegible] la même pensée en ces termes : *Rome* [illegible] par *Romulus*, phrase dans laquelle *Rome*, [illegible] de l'action faite par Romulus, figure comme [illegible], puisque c'est le mot sur lequel j'énonce un [illegible].

[illegible] verbes où le résultat de l'action est exprimé [illegible] sujet, sont dits verbes *passifs*.

Tous les verbes transitifs peuvent être employés [illegible], excepté *avoir*.

[illegible] la phrase : *le soleil brille*, je marque [illegible] la manière d'être actuelle du sujet ; dans [illegible] : *cet enfant marche*, je marque une action [illegible] le *résultat immédiat* n'est pas exprimé. [illegible] si je complète l'action de marcher par ces [illegible] *vers vous*, *cet enfant marche vers vous*, ce [illegible] point le résultat immédiat de l'action que ces [illegible] expriment ; ce résultat se trouve renfermé [illegible] le verbe même. *Vers vous* ne marque qu'un [illegible], une circonstance qui pourrait se re[illegible], au lieu que le résultat immédiat, direct, [illegible] verbes transitifs, ne pourrait se supprimer, comme on le voit dans *Romulus fonda Rome*.

Les verbes après lesquels le résultat de l'action [illegible] pas exprimé, ou du moins n'est pas présenté [illegible] direct, se nomment verbes *intransitifs* ([illegible] lesquels l'action *ne passe pas*, ne se *trans*[illegible] pas directement sur un objet.)

[illegible] — Remarque. Avec quelques verbes transitifs, on supprime quelquefois le résultat immédiat de l'action, comme dans cette phrase : *cet enfant étudie*. Je n'énonce pas le résultat de l'étude, l'objet sur lequel se porte l'étude. Ce verbe est ici *accidentellement intransitif*, bien que de sa nature il soit transitif, comme on le voit dans cette phrase : cet enfant étudie *sa leçon*.

De même, quelques verbes intransitifs peuvent être employés comme transitifs. Ex. :

Tous *marchent* leur chemin. (A. de Vigny.)

93. — Si je dis maintenant : *je me repens de ma*

faute; je vois que le verbe *repens* [illegible] pronom personnel *me* qui repr[illegible] je ne puis retrancher ; car on ne [illegible] *pens* de ma faute. Les verbes qu[illegible] dés des pronoms personnels *me*, *te*, [illegible] *se*, en rapport avec le sujet, sont [illegible] *nominaux*, parce qu'ils ont toujours [illegible] complément de la même personne que le s[illegible]

Le désastre qui *s'ensuivit* révoltait l'âme. (P. [illegible]

NOTE. — Si ces verbes sont, sous la dépendance du verbe *faire*, l'usage fait supprimer le [illegible] complément dans certain cas. Ex. :

Je ferai *repentir*
Ceux qui parlent ici de me faire sortir. (MOLIÈRE.)

96. — Presque tous les verbes attributifs peuvent s'employer ainsi avec deux pronoms de la même personne, l'un sujet, l'autre complément, comme *trouver*, *je me trouve*, *nous nous trouvons*. Ils sont dits alors *accidentellement pronominaux*. Ex. :

Les hôpitaux, où *se trouvaient* plus de vingt mille malades ou blessés, ne tardèrent pas à être incendiés.
(P. DE SÉGUR.)

Pour qu'un verbe soit dit *accidentellement* pronominal, il faut, comme on vient de le voir, que le pronom complément représente la même personne que le sujet, comme *je m'habille*, *il [illegible]*.

Mais si le sujet et le complément, bien [illegible] més par des pronoms *de la troisième personne*, ne désignent pas *la même* personne, *le même* [illegible], le verbe n'est plus pronominal ; il est transitif ou intransitif. Ex. : *Il lui nuit*, *il le bat*.

97. — REMARQUE. Le pronom sujet de la troisième personne peut être remplacé par un substantif, et le verbe être encore pronominal, pourvu que ce sujet soit représenté par le complément *se*. Ex. :

A travers une épaisse fumée, *se présentait* une longue *file* de voitures. (P. DE SÉGUR.)

98. — Quelques verbes ne s'emploient qu'à la troisième personne du singulier, et ils ont toujours pour sujet le pronom vague *il*, comme *il pleut*, *il faut*, *il tonne*. Ces verbes sont appelés *imper-*

... n'ont que pour sujet un nom de personne ... (qui n'ont qu'une personne). ... des verbes, soit intransitifs, soit pro... accidentels et même le verbe substantif ... s'employer unipersonnellement, avec le ... pour sujet apparent; alors le sujet réel est exprimé après. Ex. :

Il ... impossible de recevoir quelque consolation ... (B. DE SAINT-PIERRE.)

... à ce bruit un calme plein d'horreur. (SAINT-LAMBERT.)

... un calme succède à ce bruit.

... verbes sont dits accidentellement uniper...

§ III. — Sujet.

... est l'être ou l'objet sur lequel on porte ..., et pour adapter la définition du sujet ... du verbe, nous dirons que le sujet est l'être ... qui fait l'action ou qui est dans l'état exprimé par le verbe.

On reconnaît mécaniquement le sujet d'un verbe, ... devant ce verbe uni à l'attribut l'une des questions qui est-ce qui, ou qu'est-ce qui. Ex. :

Des sociétés savantes se sont formées dans presque toutes les contrées de l'Europe; les différentes nations ... émules. (l'abbé GUINOT.)

Qu'est-ce qui s'est formé? — Des sociétés savantes (sujet).

... est-ce qui est devenu émule? — Les différentes nations (sujet).

§ IV. — Du complément.

... Nous avons dit que l'action exprimée par certains verbes se transmet directement ou indirectement sur un objet. Le mot qui exprime l'objet, le résultat soit direct, soit indirect de l'action exprimée par le verbe, se nomme régime ou complément du verbe : régime, parce qu'il est soumis au verbe; complément, parce qu'il en complète la signification. Ex. :

Je chante ce héros qui régna sur la France,
Et par droit de conquête et par droit de naissance. (VOLT.)

101. — Les verbes ne sont pas les seuls [illegible] discours susceptibles d'avoir des [illegible] substantif, l'adjectif qualificatif, [illegible] aussi avoir des compléments [illegible] qu'ils expriment resterait souvent [illegible] l'on n'y ajoutait quelque autre idée [illegible] au sens. Ex. :

> Élevé dans la vertu [illegible]
> Et malheureux avec elle, [illegible]
> Je disais : à quoi [illegible]
> Pauvre et stérile vertu ? (G[illegible])

Dans la vertu complète l'idée de *élevé*, [illegible] l'idée de *malheureux*.

> Du zèle *de ma loi* que sert de vous parer ? (RA[illegible])

De ma loi complète l'idée de *zèle*.

102. — Si nous disons : il faut rendre [illegible] le monde, l'action de rendre se porte [illegible] sur *justice*, en d'autres termes, *justice* [illegible] tat immédiat de l'action de *rendre*; c'est le [illegible] ment direct du verbe *rendre*.

Le complément *direct* est donc celui qui com[illegible] plète *directement* la signification du verbe [illegible] dire sans l'intermédiaire d'aucun mot. Ex. :

> L'épigramme est une pensée : ce mot ne comprend pas seulement *les idées*, *les jugements*, *les raisonnements*, mais encore *les sentiments*. (L'abbé BAT[illegible])

103. — Les verbes transitifs seuls peuvent avoir un complément direct, et ce complément est le mot qui deviendrait sujet en tournant par le passif. On le reconnaît encore mécaniquement en faisant après le verbe *précédé de son sujet* l'une des questions *qui* ou *quoi* ? La réponse à ces questions est le complément direct. Ex. :

> Maître corbeau sur un arbre perché,
> Tenait dans son bec *un fromage*. (LA F.)

Maître corbeau tenait quoi ? — Un fromage (complément direct) ; ou bien, en tournant par le passif, nous aurons : *un fromage était tenu par maître corbeau*.

104. — Si je dis : *cet enfant nuit à ses intérêts*, l'ac-

[illegible] se porte *indirectement* sur *intérêts* ; *intérêts* forme un complément *indirect*.

Le complément indirect est toujours précédé des prépositions *à*, *de*, *en*, *pour*, *sur*, etc. Ex. :

> Ton âme jouira *de ton inquiétude*,
> Je rirai *de ta peine* ; ou si tu m'en punis,
> Tu perdras avec *moi* le secret *de ton fils*. (CORN.)

105. — NOTE. Le complément du substantif et du pronom ne peut s'exprimer qu'avec *de*. Ex. :

> J'entends chanter *de Dieu* les grandeurs infinies,
> Je vois l'ordre pompeux *de ses cérémonies*. (RACINE.)

106. — Nous avons vu à l'article des verbes pronominaux, que les pronoms personnels *me*, *te*, *se*, *nous*, *vous*, en rapport avec le sujet, sont compléments des verbes qu'ils précèdent.

Remarquons en général que tous les pronoms jouent dans la phrase les mêmes rôles que les substantifs, c'est-à-dire qu'ils peuvent figurer comme sujets et comme compléments. Mais il en est qui sont toujours sujets : ce sont *je*, *tu*, *il* et *on*, ainsi que *elle* et *qui*, non précédés d'une proposition.

D'autres sont ordinairement compléments directs, ce sont *le*, *la*, *les*, *que*.

D'autres sont toujours compléments indirects, *lui*, *leur*, *en*, *dont*, *où*, *y*.

Enfin les pronoms *me*, *te*, *se*, *nous*, *vous*, sont compléments directs quand, en les plaçant après le verbe, on les rend par *moi*, *toi*, *soi*, *nous*, *vous*. Ex. : je *te* vois, c'est-à-dire, je vois *toi* ; et compléments indirects, quand on les rend par *à moi*, *à toi*, *à nous*, *à vous*. Ex. : Il *se* nuit, c'est-à-dire, il nuit *à soi* ou *à lui*.

§ V. — Modifications du verbe.

1° DU NOMBRE.

107. — Nous avons vu que l'adjectif se modifie selon qu'il est en rapport avec un substantif singulier ou pluriel. De même, le verbe a une terminaison particulière selon qu'il a un sujet du singulier ou du pluriel. Ex. : *j'aime* mon père ; *nous aimons* notre

père; cet enfant *fait* son devoir, [illegible] leur devoir [illegible]

Ce changement de forme pour [illegible] bre dans les verbes, prend [illegible] *nombre* par *extension* (action d'étendre [illegible] tion d'un mot à d'autres idées qui [illegible] mière certains rapports d'origine ou de [illegible]

Nota. Le verbe n'a pas, comme l'adjectif, [illegible] forme particulière pour marquer son rapport [illegible] le genre du sujet. On dit avec la même [illegible] fils *fait* son devoir; ma fille *fait* son [illegible]

2° DE LA PERSONNE.

108. — A l'article du pronom, nous avons reconnu qu'il y a trois relations à l'acte de la parole, [illegible] consiste trois *rôles*, trois *personnes*, et il ne peut y en avoir que trois. Le verbe prend une forme particulière selon que l'action ou l'état qu'il exprime est attribué à la première, à la seconde ou à la troisième personne. Ex. : Je chant*ai*, tu chant*as*, il chant*a*; *plur.* nous chant*âmes*, vous chant*âtes*, ils chant*èrent*.

Ce changement de forme pour marquer le rapport du verbe à la personne, s'appelle ainsi *personne* par extension.

109. — Remarques. 1° Rappelons-nous que tout substantif est de la troisième personne, puisqu'il exprime la personne dont on parle. Ex. : [illegible] *lut* devant Alexandre.

2° Quelques personnes, dans la plupart des verbes, ont au singulier la même terminaison; mais cette ressemblance ne peut présenter aucune équivoque, le sujet indiquant suffisamment la personne. Ex. : *J'aime* mon père; *il aime* son père. *Je prends* mon livre; *tu prends* le tien.

3° DU MODE.

110. L'action faite par le sujet, ou l'état dans lequel il se trouve, peut être présenté d'une manière plus ou moins affirmative, plus ou moins douteuse,

[illegible]pendant de telle ou de telle circonstance [illegible] marquer ces nuances dans le degré d'af[illegible] ces différentes manières de présenter [illegible] verbe, on a dû, pour plus de précision [illegible] donner aux verbes des formes différentes que nous allons examiner.

[illegible] je dis : *Faire* son devoir est nécessaire [illegible] de faire son devoir est ici présentée [illegible] pouvant s'appliquer à tout le monde, et par [illegible] elle est présentée d'une manière générale [illegible] dénomination particulière.

[illegible] forme sous laquelle se présente l'action [illegible] manière générale, vague, indéterminée, se [illegible] mode *infinitif* (qui n'a point de limites, [illegible] peut étendre ou restreindre à volonté).

[illegible] Quand je dis : *je fais* mon devoir, *j'ai fait* mon devoir, *je ferai* mon devoir ; je présente l'action [illegible] manière positive, absolue, sans restriction [illegible] forme sous laquelle on présente l'action [illegible] manière absolue, indépendante, se nomme [illegible] *affirmatif* ou *indicatif*.

[illegible] Quand nous disons : *je ferais* mon devoir, [illegible] en avais le temps ; l'action de *faire* est bien présentée avec un certain degré d'affirmation ; mais elle n'est pourtant pas absolue, indépendante, car elle dépend d'une condition, sans la réalisation de laquelle elle ne peut elle-même avoir lieu.

Cette forme sous laquelle on présente l'affirmation comme dépendante d'une condition, se nomme [illegible] *conditionnel*.

[illegible] Si je dis : *fais* ton devoir ; l'action exprimée par le verbe est présentée sous la forme du commandement, *d'une manière impérative*.

La forme sous laquelle est présentée l'action avec une idée de commandement, se nomme mode *impératif* (qui commande).

115. — Quand je dis : Je veux que *vous fassiez* votre devoir ; cette forme que *vous fassiez* présente

l'action de *faire* comme subordonnée à [illegible] je veux ; de plus, bien que je [illegible] que je le veux, il vous est libre [illegible] de ne pas le faire, vous le ferez ou [illegible] pas. Cette forme sous laquelle une [illegible] sentée comme subordonnée à une autre [illegible] ordinairement mode *subjonctif*, ou [illegible] mode *dubitatif*, parce que le résultat [illegible] reste toujours *douteux, incertain.*

3° DU TEMPS.

116. — L'action exprimée par le verbe peut être présentée comme *faite au moment où l'on parle*, comme ayant été *faite avant ce moment*, comme devant être *faite après ce moment.*

Pour marquer ces trois rapports de l'action avec le *temps*, le verbe a dû subir encore diverses modifications.

Nous pouvons définir le *temps*, *une partie déterminée de la durée*. La *durée*, qui se compose de tous les instants *présents*, *passés* et *à venir*, se divise naturellement en trois parties, le *passé*, le *présent* et *l'avenir* ou *futur* ; et ce sont ces trois parties de la durée que nous appelons *temps*.

117. — De même que la *durée* se divise en *temps*, ainsi le *temps* se divise en *époques* (points déterminés dans le temps), et en *périodes* (circuit, retour).

La période est une étendue de temps plus ou moins longue, mais revenant toujours successivement et dans le même ordre. Les *périodes de temps* sont : le *siècle* (cent ans), le *lustre* (cinq ans), l'*année* (douze mois), le *mois* (trente jours), la *semaine* (sept jours), le *jour* (24 heures). Le jour est la plus petite partie de temps dont il soit question en grammaire. La forme que prend le verbe pour marquer le rapport de l'action avec le *temps* s'appelle aussi *temps*, par extension.

Mais l'action qui est *passée* peut avoir eu lieu dans une époque plus ou moins rapprochée du mo-

[illegible]; par conséquent, on a dû, à mesure que la langue s'est perfectionnée, modifier le verbe, c'est-à-dire, lui faire subir différents changements pour marquer ces diverses *époques* dans le passé. De là plusieurs *temps* (forme qui marque le temps) pour le passé.

De même, l'action indiquée comme devant être faite dans un temps futur, pourra avoir lieu à une époque plus ou moins rapprochée ou du moment actuel, ou d'une autre époque ; on a dû encore créer plusieurs formes pour répondre aux diverses expressions du temps futur.

Mais comme le moment actuel est indivisible, le *présent* n'admet qu'une forme (qu'un temps).

MODE AFFIRMATIF.

118. — Quand je dis : *je fais* mon devoir ; j'énonce l'action comme ayant lieu au moment où je parle ; c'est *le présent*.

119. — Si je dis, *je faisais* mon devoir quand vous êtes entré, j'énonce l'action comme passée, mais passée *en même temps* qu'une autre (l'action d'entrer) avait lieu. Cette forme *je faisais* se nomme *passé simultané* (qui a lieu en même temps), ou imparfait (non passé *absolument*).

120. — Dans cette phrase : Je *fis* mon devoir hier ; j'énonce l'action comme passée dans une période complètement écoulée, *dans laquelle nous ne sommes plus*. Cette forme je *fis* s'appelle *passé* défini (complètement fini).

121. — Quand je dis : j'*ai fait* mon devoir ; j'énonce l'action comme passée, mais sans déterminer l'époque où elle a eu lieu. Cette forme j'*ai fait* s'appelle passé *indéfini* (non déterminé, non entièrement écoulé).

122. — Remarque. — Le passé indéfini sert non-seulement à marquer une action faite à une époque non déterminée, mais encore une action qui a été faite dans la période *où l'on est encore* ; nous dirons donc on a *fait* de grandes choses dans ce siècle, cette année, ce mois, cette semaine, aujourd'hui.

Le passé défini ne se dit que d'une action passée dans une période où *l'on n'est plus*, ou encore d'une action passée dans un temps non déterminé, ce qui lui est commun avec le passé indéfini.

123. — Si je dis : quand *j'eus fait* mon devoir, je partis, quand *j'eus fait* exprime une action passée non seulement par rapport au moment où nous sommes, mais encore relativement à une autre, je *partis*, également passée. En effet, l'action de *faire* a eu lieu avant l'action de *partir*. Cette forme, *j'eus fait*, se nomme passé antérieur (qui a lieu avant).

124. — Dans cette phrase : j'avais fait mon devoir quand vous vîntes; nous retrouvons encore une action passée, *j'avais fait*, avant une autre. Cette nouvelle forme, *j'avais fait* s'appelle *plus-que-parfait* (plus que passé, doublement passé).

125. — Quand on dit : je *ferai* mon devoir demain, on énonce une action qui *aura lieu* dans un temps qui n'est pas encore. Cette forme, je *ferai*, s'appelle *futur simple*, parce qu'elle énonce *simplement* le futur, c'est-à-dire par *un seul mot*.

126. — Si nous disons : *j'aurai fait* mon devoir quand vous viendrez, nous énonçons l'action comme *devant avoir lieu avant une autre*, dans un temps à venir. Cette forme, j'*aurai fait*, s'appelle *futur antérieur* (exprimant une action *qui doit avoir lieu avant une autre*). On l'appelle aussi *futur passé*, parce que c'est un *futur* qui sera *passé* quand une autre action aura lieu.

127. — Voilà pour l'affirmatif toutes les formes qui correspondent aux diverses circonstances, aux diverses combinaisons de temps. Elles sont du reste, pour plus de précision, souvent accompagnées d'un ou de plusieurs *compléments*.

RÉSUMÉ.

Présent. — 1 temps.

[illegible] Passé — 5 temps.	Passé simultané. Passé défini. Passé indéfini. Passé antérieur. Plus-que-parfait.
Futur — 2 temps.	Futur simple. Futur antérieur.

MODE CONDITIONNEL.

[illegible] Dans cette phrase : *Je ferais* mon devoir *si* [illegible], j'énonce une action à faire, sous [illegible] condition. Cette action pourrait se faire [illegible] ou *postérieurement*, c'est-à-dire dans [illegible] *futur* ; car ici le présent est bien près du [illegible] le présent et le futur se confondent, [illegible] représentés par la même forme. Les com[illegible] seuls indiquent la différence. Cette forme, [illegible], est le *présent* ou le *futur* du conditionnel.

[illegible] — Dans cette autre phrase : *j'aurais fait* mon devoir, *si j'avais pu* ; j'énonce l'action comme ayant dû être faite (passée), moyennant une condition. Cette forme, *j'aurais fait*, s'appelle passé du conditionnel ou conditionnel passé.

Je peux dire aussi : *j'eusse fait* mon devoir, *si j'avais pu*. *J'eusse fait*, qui remplace *j'aurais fait*, est une seconde forme du *conditionnel passé*. (Pour la différence, voir syntaxe, emploi des temps du conditionnel.)

150. — REMARQUES. — 1° *Si*, conditionnel ou optatif, n'est jamais suivi des temps du conditionnel. Ex. : Si je *pouvais* faire mon devoir ! Si *j'avais pu* faire mon devoir ! — *Si je pouvais, si j'avais pu*, sont mis pour *si je pourrais, si j'aurais pu*. C'est un idiotisme ou gallicisme. Mais lorsque *si* n'est ni conditionnel ni optatif, il peut être suivi du conditionnel. Ex. :

Il paraît douteux si on ne *devrait* pas considérer comme état de nature celui qui est le résultat du cours de toutes nos facultés. (DE WEISS.)

151. — 2° Quelquefois la condition n'est pas for-

mellement exprimée, mais il suffit qu'elle soit dans l'esprit pour qu'on emploie les temps du conditionnel : *je le ferais*, je *l'aurais* ou je *l'eusse fait* à votre place, c'est-à-dire, *si j'avais été* à votre place.

132. — 3º Le verbe d'une proposition conditionnelle se met au présent quand le verbe de la proposition principale est au futur ; et réciproquement. Exemple :

Comment leur *ferez-vous* sentir un cœur de père, si vous ne *leur montrez* qu'un maître ? (FÉNELON.)

Et à l'imparfait quand le verbe de la proposition principale est au conditionnel ; et réciproquement. Exemple :

Comment *conduiriez-vous* le troupeau si vous *n'étiez pas appliqué* à ses besoins ? (FÉNELON.)

Cette remarque est importante pour l'emploi des verbes dont le participe présent est en *iant* ou *yant*, à la première et à la seconde personne du pluriel. Un moyen mécanique de voir si on emploiera le *présent* ou le *passé simultané*, c'est de tourner par la troisième personne précédée de *on*. Ex. :

Que vous *seriez* loin de ma pensée, si vous *croyiez* que je me prévaux d'un tel avantage ! (LAROMIGUIÈRE.)

Nous *serons* heureux, si nous *pratiquons* la vertu.

MODE IMPÉRATIF.

133. — Si je dis : *Fais* ton devoir ; le commandement, l'exhortation que je fais ne peut être que présente, et même future, si l'on a en vue le résultat de ce commandement. Cette forme, *fais*, exprime donc à la fois le présent, puisque le commandement est présent par rapport à la personne qui le fait, et le futur, puisque le résultat du commandement ne peut être que futur. On l'appelle le *présent* ou le *futur* de l'impératif.

134. — Il est évident qu'il ne peut y avoir de *passé* à l'impératif, attendu qu'on ne peut commander un fait passé.

MODE SUBJONCTIF OU DUBITATIF.

135. — Dans cette phrase : il faut que je *fasse* mon devoir ; j'énonce l'action comme devant être faite

actuellement ou prochainement ; mais ici le présent est si près du futur qu'on pourrait même dire que cette forme exprime presque toujours un futur, puisque l'effet doit suivre le moment de la parole. Aussi l'appelle-t-on *présent* ou *futur*.

Cette forme exprime toujours le *présent* ou le *futur* par rapport au moment *supposé* de la parole.

136. — Quand je dis : je désirais qu'il *fît* son devoir, j'énonce l'action comme *ayant dû* se faire *au moment que* je le désirais, ou comme devant avoir lieu dans un temps postérieur *à ce moment*. Cette forme, qu'il *fît*, se nomme *imparfait* ou *passé simultané*.

Elle exprime toujours un présent ou un futur par rapport au premier verbe.

137. — Que je dise : je suis satisfait que vous *ayez fait* votre devoir, j'énonce une action comme *passée* au moment où je suis satisfait, c'est-à-dire au moment de la parole. Cette forme, que *vous ayez fait*, se nomme *passé*.

La forme du passé sert aussi à exprimer un futur antérieur. Ex. : Je doute que *vous ayez fait* votre devoir quand je serai de retour.

130. — Si je dis : j'étais satisfait que *vous eussiez fait* votre devoir ; j'énonce l'action comme passée, non seulement au moment actuel, mais encore à un autre moment, celui où j'*étais satisfait*. Cette forme, destinée à marquer un double passé, se nomme *plus-que-parfait*.

MODE INFINITIF.

134. — L'action de l'infinitif, bien que présentée d'une manière vague, peut aussi être mise en rapport avec le temps.

Si je dis : *faire* votre devoir est nécessaire, ou, il est nécessaire de *faire* votre devoir ; *faire* exprime un temps présent ; c'est le présent de l'infinitif.

Cet enfant est content d'*avoir fait* son devoir ; *avoir fait* exprime un passé, c'est le passé de l'infinitif.

5° DU PARTICIPE.

140.—A l'infinitif se rattache une forme que l'on nomme *participe*, parce qu'elle tient, qu'elle *participe* du verbe et de l'adjectif : du verbe, en ce que, comme lui, le participe exprime une action faite par un sujet, ou l'état dans lequel il se trouve ; de l'adjectif, en ce que, comme lui, le participe exprime une modification, une qualité du substantif auquel il se rapporte.

141.—On distingue deux sortes de participes : le participe présent et le participe passé.

Le participe présent est ainsi appelé, parce qu'il exprime un présent relativement à l'action dont il s'agit ; il est toujours terminé en *ant* et toujours invariable.

Le participe passé est ainsi appelé, parce qu'il sert toujours à former un temps passé, comme on l'a vu dans *il a fait, il avait fait*, etc., et qu'il d'ailleurs par lui-même il exprime déjà un passé, en ce qu'il exprime une action accomplie. Il a différentes terminaisons, et varie en genre et en nombre comme l'adjectif.

6° DE L'ADJECTIF VERBAL.

142.—Le participe présent, avons-nous dit, est toujours invariable ; mais il ne faut pas le confondre avec l'adjectif *verbal* (dérivé du verbe), également terminé en *ant* et qui est variable. C'est un adjectif *ordinairement* semblable au participe présent, mais qui n'offre pas la même nuance. Ex. : je pris plaisir à voir cette meute de chiens courant dans la plaine (*participe*). Voilà une belle meute de chiens *courants* (*adjectif verbal*).

143.—Le participe passé peut aussi devenir simple adjectif ; mais cette distinction est moins importante que la précédente, sous le point de vue de la construction grammaticale, parce qu'il varie également et comme participe et comme adjectif.

Le participe passé est adjectif quand il exprime

la manière d'être habituelle de l'objet auquel il est joint, la permanence de la qualité qu'il exprime, dans l'être dont il s'agit, de manière, en quelque sorte, à en faire une classe, une espèce particulière ; au lieu que, comme participe, il exprime un état ou une action actuelle, momentanée, non envisagée comme permanente dans l'objet auquel il est joint. Ex. :

Participe. — Ce livre *relié* par un homme habile est d'un grand prix.

Adjectif.—Les livres *reliés* ne sont pas toujours les meilleurs.

7° REMARQUES SUR LES TEMPS.

144. — Dans la nomenclature des temps, nous avons pu remarquer que les uns sont exprimés par un *seul* mot, je *fis*, je *ferai*, *fais*, que je *fasse* ; on les appelle temps *simples* ; — que les autres sont composés de plusieurs mots, *j'ai fait*, *j'aurai fait*, que *j'aie fait* ; on les appelle temps *composés*.

Les temps composés sont toujours formés du participe passé du verbe que l'on conjugue et de l'un des temps des verbes *avoir* ou *être*, qu'on nomme pour cette raison *auxiliaires* (qui vient au secours).

145.—Les temps simples sont le *présent*, l'*imparfait*, le *passé défini*, le *futur simple* de l'affirmatif; le *présent* du conditionnel ; le *présent* de l'impératif ; le *présent*, l'*imparfait* du dubitatif; le *présent* de l'infinitif.

Les autres temps des verbes sont composés.

Nota. — Tous les temps des verbes passifs sont des temps composés.

146. — On conjugue avec l'*auxiliaire avoir* les temps composés, 1° des verbes transitifs. Ex. :

Lorsqu'il *eut lancé* sa prophétie dans le monde, lorsque le brandon *eut allumé* l'incendie, lorsque la parole *eut soulevé* le bélier de la destruction, il n'y eut plus rien que du sang et des débris. (Charles Faider.)

2° De la plupart des verbes intransitifs. Ex. :

Pourquoi n'*a*-t-il pas *pensé* aux méchants qui abusent et aux ambitieux qui exploitent ? (Ch. Faider.)

3° De la plupart des verbes unipersonnels. Ex. :

A ces lâches transports il *eût fallu* m'attendre. (Col.)

147.—On conjugue avec l'*auxiliaire être* : 1° *tous* les temps des verbes passifs. Ex. :

Les casques *sont brisés*. (Chateaubriand.)

2° Tous les temps composés des verbes pronominaux. Ex. :

Mérovée *s'était fait* une nacelle d'un large bouclier d'osier. (*Idem.*)

3° Ceux de beaucoup de verbes intransitifs. Ex. :

Hélas ! qu'*est devenu* ce temps, cet heureux temps
Où les rois s'honoraient du nom de fainéants ! (Boil.)

4° Ceux de la plupart des verbes pris unipersonnellement. Ex. :

Qu'ont fait les ministres et les pasteurs de l'église protestante, quand *il s'est élevé* parmi eux des contestations dangereuses ? (Bourdaloue.)

§ VI. — De la conjugaison.

148.—Quand on écrit ou qu'on récite de suite tous les temps d'un verbe, avec toutes leurs personnes, cela s'appelle conjuguer (réunir, assembler). Comme dans tous les verbes il en est qui ont entre eux plus de ressemblance qu'avec d'autres, on en a formé plusieurs classes, basées sur leurs ressemblances et leurs différences : ces classes s'appellent *conjugaisons*. On distingue quatre classes de verbes ou conjugaisons selon les quatre terminaisons des verbes au mode infinitif ; car tous les verbes sont terminés à l'infinitif en *er*, en *ir*, en *oir*, ou en *re*.

149.—Tous les verbes dont l'infinitif est en *er*, sont de la première conjugaison ; ceux dont l'infinitif est en *ir*, sont de la seconde ; ceux en *oir*, sont de la troisième ; ceux en *re*, sont de la quatrième.

150. — Nous avons vu plus haut que les verbes *avoir* (3e conjugaison) et *être* (4e) servent à former les temps composés de tous les verbes.

Nous remarquerons que les temps composés du verbe *avoir* se forment de lui-même ; quant à ceux de l'*auxiliaire* être, ils se forment également de l'*auxiliaire* avoir. Nous commencerons donc par la conjugaison de ce dernier, qui sert à la conjugaison de tous les autres sans exception, et qui se suffit à lui-même.

151.—CONJUGAISON DU VERBE AVOIR.

MODE INDICATIF.

1. *Présent.*
J'ai,
Tu as,
Il a,
Nous avons,
Vous avez,
Ils ont.

2. *Passé indéfini.*
J'eus,
Tu eus,
Il eût,
Nous eûmes,
Vous eûtes,
Ils eurent.

3. *Passé simultané.*
J'avais,
Tu avais,
Il avait,
Nous avions,
Vous aviez,
Ils avaient.

4. *Passé indéfini.*
J'ai eu,
Tu as eu,
Il a eu,
Nous avons eu,
Vous avez eu,
Ils ont eu.

5. *Passé antérieur.*
J'eus eu,
Tu eus eu,
Il eût eu,
Nous eûmes eu,
Vous eûtes eu,
Ils eurent eu.

6. *Plus-q.-Parfait.*
J'avais eu,
Tu avais eu,
Il avait eu,
Nous avions eu,
Vous aviez eu,
Ils avaient eu.

7. *Futur.*
J'aurai,
Tu auras,
Il aura,
Nous aurons,
Vous aurez,
Ils auront.

8. *Futur antérieur.*
J'aurai eu,
Tu auras eu,
Il aura eu,
Nous aurons eu,
Vous aurez eu,
Ils auront eu.

MODE CONDITIONNEL.

1. *Présent.*	2. *Passé.*		
J'aurais,	J'aurais eu,	*ou*	J'eusse eu,
Tu aurais,	Tu aurais eu,	*ou*	Tu eusses eu,
Il aurait,	Il aurait eu,	*ou*	Il eût eu,
Nous aurions,	Nous aurions eu,	*ou*	Nous eussions eu,
Vous auriez,	Vous auriez eu,	*ou*	Vous eussiez eu,
Ils auraient.	Ils auraient eu.	*ou*	Ils eussent eu.

MODE IMPÉRATIF.

Présent ou futur.
Aie,
Qu'il ait,
Ayons,
Ayez,
Qu'ils aient.

MODE DUBITATIF.

1. *Présent ou futur.*
Que j'aie,
Que tu aies,
Qu'il ait,
Que nous ayons,
Que vous ayez,
Qu'ils aient.

2. *Imparfait.*
Que j'eusse,
Que tu eusses,
Qu'il eût,
Que nous eussions,
Que vous eussiez,
Qu'ils eussent,

3. Passé.
Que j'aie eu,
Que tu aies eu,
Qu'il ait eu,
Que nous ayons eu,
Que vous ayez eu,
Qu'ils aient eu.

4. Plus-q.-Parfait.
Que j'eusse eu,
Que tu eusses eu,
Qu'il eût eu,
Que nous eussions eu,
Que vous eussiez eu,
Qu'ils eussent eu.

MODE INFINITIF.

1. Présent.
Avoir.

2. Passé.
Avoir eu.

PARTICIPES.

Présent.	*Passé actif.*	*Passé passif.*
Ayant.	Ayant eu.	Eu (inusité).

152.—CONJUGAISON DU VERBE ÊTRE.

AFFIRMATIF.

1. Présent.
Je suis,
Tu es,
Il est,
Nous sommes,
Vous êtes,
Ils sont.

2. Passé simultané.
J'étais,
Tu étais,
Il était,
Nous étions,
Vous étiez,
Ils étaient.

3. Passé défini.
Je fus,
Tu fus,
Il fut,
Nous fûmes,
Vous fûtes,
Ils furent.

4. Passé indéfini.
J'ai été,
Tu as été,
Il a été,
Nous avons été,
Vous avez été,
Ils ont été.

5. Passé antérieur.
J'eus été,
Tu eus été,
Il eut été,
Nous eûmes été,
Vous eûtes été,
Ils eurent été.

6. Plus-q.-Parfait.
J'avais été,
Tu avais été,
Il avait été,
Nous avions été,
Vous aviez été,
Ils avaient été.

7. Futur.
Je serai,
Tu seras,
Il sera,
Nous serons,
Vous serez,
Ils seront.

8. Futur antérieur.
J'aurai été,
Tu auras été,
Il aura été,
Nous aurons été,
Vous aurez été,
Ils auront été.

CONDITIONNEL.

1. Présent.
Je serais,
Tu serais,
Il serait,
Nous serions,
Vous seriez,
Ils seraient.

2. Passé.
J'aurais été, *ou* J'eusse été,
Tu aurais été, *ou* Tu eusses été,
Il aurait été, *ou* Il eût été,
Nous aurions été, *ou* Nous eussions été,
Vous auriez été, *ou* Vous eussiez été,
Ils auraient été. *ou* Ils eussent été.

IMPÉRATIF.

Présent ou Futur.
Sois,
Qu'il soit,
Soyons,
Soyez,
Qu'ils soient.

DUBITATIF.

1. *Présent.*
Que je sois,
— tu sois,
— il soit,
— nous soyons,
— vous soyez,
— ils soient.

2. *Imparfait.*
Que je fusse,
— tu fusses,
— il fût,
— nous fussions,
— vous fussiez,
— ils fussent.

3. *Passé.*
Que j'aie été,
— tu aies été,
— il ait été,
— nous ayons été,
— vous ayez été,
— ils aient été.

4. *Plus-q.-Parfait.*
Que j'eusse été,
— tu eusses été,
— il eût été,
— nous eussions été
— vous eussiez été,
— ils eussent été,

INFINITIF.

1. *Présent.*
Être.

2. *Passé.*
Avoir été.

PARTICIPES.

Présent.
Étant.

Passé.
Ayant été.

133.— Remarque. La première et la seconde personne du pluriel du *passé défini*, et la troisième personne du singulier de *l'imparfait du dubitatif*, ont l'accent circonflexe. Il en est de même pour tous les verbes, excepté pour le seul verbe *haïr*.

§ VII.—Du radical et de la terminaison.— Temps primitifs et dérivés.

134.—Il est nécessaire de savoir distinguer dans un verbe le *radical* et la *terminaison*.

Le *radical* (racine, souche,) est la partie du verbe qui reste toujours la même, et la *terminaison* est la partie qui varie, qui change. Ainsi, dans les verbes de la première conjugaison, le radical est l'ensemble des lettres qui précèdent *er* final. Dans *chanter*, *aimer*, *frotter*, les parties *aim*, *chant*, *frott*, restent les mêmes dans tous les temps et dans toutes les personnes. A la suite de cette partie invariable, il suffit donc d'ajouter la terminaison propre à chaque temps, à chaque personne, terminaison qui se trouve séparée du radical dans toutes les grammaires.

Même observation pour les verbes de la seconde

conjugaison, dont le radical est ce qui précède *r* final : *fini* r, *poli* r, *muni* r ; pour la troisième, dont le radical est la partie précédant *evoir* : *rec* evoir, *perc* evoir ; enfin, pour la quatrième, dont le radical est la partie qui précède *re* final : *di* re, *entend* re, *croi* re.

155. — Outre la distinction du radical et de la terminaison, il en est une non moins essentielle : c'est la distinction des temps *primitifs* et des temps *dérivés*. Certains temps, les mêmes dans chaque verbe, servent à former les autres : ils sont appelés pour cette raison temps *primitifs* (premiers), tandis que ceux qui en sont formés sont appelés temps *dérivés* (qui descend, qui découle).

156. — Il y a *cinq* temps *primitifs* : *présent* de l'infinitif, *présent* de l'affirmatif, *passé défini*, *participe présent* et *participe passé*.

157. PREMIÈRE CONJUGAISON.

Aimer, *aimant*, *aimé*, *j'aime*, *j'aimai*.

MODE INDICATIF OU AFFIRMATIF.

1. *Présent.*	3. *Passé défini.*	5. *Passé antérieur.*
J'aim*e*,	J'aim*ai*,	J'eus aimé,
Tu aim*es*,	Tu aim*as*,	Tu eus aimé,
Il aim*e*,	Il aim*a*,	Il eut aimé,
Nous aim*ons*,	Nous aim*âmes*,	Nous eûmes aimé,
Vous aim*ez*,	Vous aim*âtes*,	Vous eûtes aimé,
Ils aim*ent*.	Ils aim*èrent*.	Ils eurent aimé.
2. *Passé simultané.*	4. *Passé indéfini.*	6. *Plus-q.-Parfait.*
J'aim*ais*,	J'ai aimé,	J'avais aimé,
Tu aim*ais*,	Tu as aimé,	Tu avais aimé,
Il aim*ait*,	Il a aimé,	Il avait aimé,
Nous aim*ions*,	Nous avons aimé,	Nous avions aimé,
Vous aim*iez*,	Vous avez aimé,	Vous aviez aimé,
Ils aim*aient*.	Ils ont aimé.	Ils avaient aimé.

7. *Futur.*	8. *Futur antérieur.*
J'aimer*ai*,	J'aurai aimé,
Tu aimer*as*,	Tu auras aimé,
Il aimer*a*,	Il aura aimé,
Nous aimer*ons*,	Nous aurons aimé,
Vous aimer*ez*,	Vous aurez aimé,
Ils aimer*ont*.	Ils auront aimé.

MODE CONDITIONNEL.

Présent ou Futur.	Il aimer*ait*,	
J'aimer*ais*,	Nous aimer*ions*,	Ils aimer*aient*,
Tu aimer*ais*,	Vous aimer*iez*,	

Passé.

J'aurais aimé,	ou	J'eusse aimé,
Tu aurais aimé,	ou	Tu eusses aimé,
Il aurait aimé,	ou	Il eût aimé,
Nous aurions aimé,	ou	Nous eussions aimé,
Vous auriez aimé,	ou	Vous eussiez aimé,
Ils auraient aimé.	ou	Ils eussent aimé.

MODE IMPÉRATIF.

Aime,
Aimons,
Aimez.

MODE DUBITATIF.

1. *Présent ou Futur.*

Que j'aim*e*,
— tu aim*es*,
— il aim*e*,
— nous aim*ions*,
— vous aim*iez*,
— ils aim*ent*.

2. *Imparfait.*

Que j'aim*asse*,
— tu aim*asses*.
— il aim*ât*,
— nous aim*assions*,
— vous aim*assiez*,
— ils aim*assent*.

3. *Passé.*

Que j'aie aimé,
— tu aies aimé,
— il ait aimé,
— nous ayons aimé,
— vous ayez aimé,
— ils aient aimé.

4. *Plus-que-Parfait.*

Que j'eusse aimé,
— tu eusses aimé,
— il eût aimé,
— nous eussions aimé,
— vous eussiez aimé,
— ils eussent aimé.

MODE INFINITIF.

Présent, Aimer. *Imparfait*, Avoir aimé.
Participe présent, Aimant.
Participe passé actif, Ayant aimé.
Passif, Aimé.

DEUXIÈME CONJUGAISON.

158.—Temps primitifs.—*Polir*, *polissant*, *poli*, je *polis*, je *polis*.

AFFIRMATIF.

1. *Présent.*

Je pol*is*,
Tu pol*is*,
Il pol*it*,
Nous pol*issons*,
Vous pol*issez*,
Ils pol*issent*.

2. *Passé simultané.*

Je pol*issais*,
Tu pol*issais*,
Il pol*issait*,
Nous pol*issions*,
Vous pol*issiez*,
Ils pol*issaient*.

3. *Passé défini.*

Je pol*is*,
Tu pol*is*,
Il pol*it*,
Nous pol*îmes*,
Vous pol*îtes*,
Ils pol*irent*.

4. *Passé indéfini.*

J'ai poli,
Tu as poli,
Il a poli,
Nous avons poli,
Vous avez poli,
Ils ont poli.

5. *Passé antérieur.*

J'eus poli,
Tu eus poli,
Il eut poli,
Nous eûmes poli.
Vous eûtes poli,
Ils eurent poli.

6. *Plus-que-parfait.*

J'avais poli,
Tu avais poli,
Il avait poli,
Nous avions poli,
Vous aviez poli
Ils avaient poli.

7. *Futur.*	8. *Futur antérieur.*
Je poli*rai*,	J'aurai poli,
Tu poli*ras*,	Tu auras poli,
Il poli*ra*,	Il aura poli,
Nous poli*rons*,	Nous aurons poli,
Vous poli*rez*,	Vous aurez poli,
Ils poli*ront*.	Ils auront poli.

CONDITIONNEL.

1. *Présent ou futur.*	2. *Passé.*		
Je poli*rais*,	J'aurais poli,	ou	J'eusse poli,
Tu poli*rais*,	Tu aurais poli,		Tu eusses poli,
Il poli*rait*,	Il aurait poli,		Il eût poli,
Nous poli*rions*,	Nous aurions poli,		Nous eussions poli,
Vous poli*riez*,	Vous auriez poli,		Vous eussiez poli,
Ils poli*raient*.	Ils auraient poli.		Ils eussent poli.

Présent ou futur.
Poli*s*,
Poli*ssons*,
Poli*ssez*.

DUBITATIF.

1. *Présent.*	3. *Passé.*
Que je poli*sse*,	Que j'aie poli,
Que tu poli*sses*,	Que tu aies poli,
Qu'il poli*sse*,	Qu'il ait poli,
Que nous poli*ssions*,	Que nous ayons poli,
Que vous poli*ssiez*,	Que vous ayez poli,
Qu'ils poli*ssent*.	Qu'ils aient poli.
2. *Imparfait.*	4. *Plus-que-parfait.*
Que je poli*sse*,	Que j'eusse poli,
Que tu poli*sses*,	Que tu eusses poli,
Qu'il poli*t*,	Qu'il eût poli,
Que nous poli*ssions*,	Que nous eussions poli.
Que vous poli*ssiez*,	Que vous eussiez poli.
Qu'ils poli*ssent*.	Qu'ils eussent poli.

INFINITIF.

1. *Présent.*	2. *Passé.*
Poli*r*.	Avoir poli.

PARTICIPES.

1. *Présent.*	2. *Passé actif.*	3. *Passé passif.*
Poli*ssant*.	Ayant poli.	Poli.

159. TROISIÈME CONJUGAISON.

Temps primitifs. — *Recevoir*, *recevant*, *reçu*, *je reçois*, *je reçus*.

AFFIRMATIF.

1. *Présent.*	2. *Passé simultané.*	3. *Passé défini.*
Je re*çois*,	Je rec*evais*,	Je re*çus*,
Tu re*çois*,	Tu rec*evais*,	Tu re*çus*,
Il re*çoit*,	Il rec*evait*,	Il re*çut*.
Nous rec*evons*,	Nous rec*evions*,	Nous re*çûmes*,
Vous rec*evez*,	Vous rec*eviez*,	Vous re*çûtes*,
Ils re*çoivent*.	Ils rec*evaient*.	Ils re*çurent*.

4. *Passé indéfini.*	6. *Plus-q.-Parfait.*	7. *Futur simple.*
J'ai	J'avais	Je recev*rai*,
Tu as	Tu avais	Tu recev*ras*,
Il a	Il avait	Il recev*ra*,
Nous avons	Nous avions	Nous recev*rons*,
Vous avez	Vous aviez	Vous recev*rez*,
Ils ont	Ils avaient	Ils recev*ront*.
(reçu.)	(reçu.)	

5 *Passé antérieur.*	8. *Futur antérieur.*
J'eus	J'aurai
Tu eus	Tu auras
Il eut	Il aura
Nous eûmes	Nous aurons
Vous eûtes	Vous aurez
Ils eurent	Ils auront
(reçu.)	(reçu.)

CONDITIONNEL.

1. *Présent.*	2. *Passé.*	
Je recev*rais*,	J'aurais	ou J'eusse
Tu recev*rais*,	Tu aurais	Tu eusses
Il recev*rait*,	Il aurait reçu.	Il eût reçu.
Nous recev*rions*,	Nous aurions	Nous eussions
Vous recev*riez*,	Vous auriez	Vous eussiez
Ils recev*raient*.	Ils auraient reçu.	Ils eussent reçu.

IMPÉRATIF.

Présent ou Futur.

Reç*ois*.
Recev*ons*.
Recev*ez*.

DUBITATIF.

1. *Présent ou Futur.*	3. *Passé.*
Que je reç*oive*,	Que j'aie reçu,
— tu reç*oives*,	— tu aies reçu,
— il reç*oive*,	— il ait reçu,
— nous recev*ions*,	— nous ayons reçu,
— vous recev*iez*,	— vous ayez reçu,
— ils reç*oivent*.	— ils aient reçu.

2. *Imparfait.*	4. *Plus-que-Parfait.*
Que je reç*usse*,	Que j'eusse
— tu reç*usses*,	— tu eusses
— il reç*ût*,	— il eût reçu.
— nous reç*ussions*,	— nous eussions
— vous reç*ussiez*,	— vous eussiez
— ils reç*ussent*.	— ils eussent reçu.

INFINITIF.

Présent.	*Passé.*
Recev*oir*.	Avoir reçu.

PARTICIPES.

1. *Présent.*	2. *Passé actif.*	3. *Passif.*
Recev*ant*.	Ayant reçu.	Reç*u*.

160. QUATRIÈME CONJUGAISON.

Temps primitifs. — *Entendre*, *entendant*, *entendu*, *j'entends*, *j'entendis*.

AFFIRMATIF.

1. présent.	*4. passé indéfini.*	*6. plus-q.-parfait.*
J'entend*s*,	J'ai	J'avais
Tu entend*s*,	Tu as	Tu avais
Il entend,	Il a entendu,	Il avait entendu,
Nous entend*ons*,	Nous avons	Nous avions
Vous entend*ez*,	Vous avez	Vous aviez
Ils entend*ent*.	Ils ont entendu.	Ils avaient entendu.

2. passé simultané.	*5. passé antérieur.*	*7. Futur simple.*
J'entend*ais*,	J'eus	J'entend*rai*,
Tu entend*ais*,	Tu eus	Tu entend*ras*,
Il entend*ait*,	Il eut entendu,	Il entend*ra*,
Nous entend*ions*,	Nous eûmes	Nous entend*rons*,
Vous entend*iez*,	Vous eûtes	Vous entend*rez*,
Ils entend*aient*.	Ils eurent entendu.	Ils entend*ront*.

3. passé défini.	*8. Futur antérieur.*
J'entend*is*,	J'aurai
Tu entend*is*,	Tu auras
Il entend*it*,	Il aura entendu
Nous entend*îmes*,	Nous aurons
Vous entend*îtes*,	Vous aurez
Ils entend*irent*.	Ils auront entendu.

CONDITIONNEL.

1. présent ou futur.	*2. passé.*	
J'entend*rais*,	J'aurais	*ou* j'eusse,
Tu entend*rais*,	Tu aurais	tu eusses
Il entend*rait*,	Il aurait entendu,	il eût entendu,
Nous entend*rions*,	Nous aurions	nous eussions
Vous entend*riez*,	Vous auriez	vous eussiez
Ils entend*raient*.	Ils auraient entendu.	ils eussent entendu.

IMPÉRATIF.

présent ou futur.

Entend*s*,
Entend*ons*,
Entend*ez*.

DUBITATIF.

1. présent ou futur.	*2. passé.*
Que j'entend*e*,	Que j'aie
— tu entend*es*,	— tu aies
— il entend*e*,	— il ait entendu,
— nous entend*ions*,	— nous ayons
— vous entend*iez*,	— vous ayez
— ils entend*ent*.	— ils aient entendu.

3. *Imparfait.*	4. *plus-que-parfait.*
Que j'entend*isse*,	Que j'eusse
— tu entend*isses*,	— tu eusses
— il entend*it*,	— il eût
— nous entend*issions*,	— nous eussions
— vous entend*issiez*,	— vous eussiez
— ils entend*issent*.	— ils eussent entendu.

INFINITIF.

1. *présent.*	2. *passé.*
Entendre.	Avoir entendu.

PARTICIPES.

1. *présent.*	2. *passé actif.*	*passif.*
Entend*ant*.	Ayant entendu.	Entendu.

REMARQUES SUR LES CONJUGAISONS.

PREMIÈRE CONJUGAISON.

161.—Dans les verbes terminés en *cer* à l'infinitif, comme *annoncer*, *placer*, on doit mettre une cédille sous le *c* (ç), toutes les fois qu'il est devant un *a* ou un *o*, afin de conserver partout la prononciation douce de l'infinitif. Ex. : Nous *annonçons*, vous *plaçâtes*.

Nota.— Cette observation est applicable aux verbes de toutes les conjugaisons qui ont un *c* doux à l'infinitif; ainsi on écrit avec une cédille : il *reçoit*, il *reçut*, pour conserver au *c* le son doux de l'infinitif *recevoir*.

162.—Dans les verbes en *ger*, pour conserver au *g* la même prononciation qu'à l'infinitif, il faut toujours le faire suivre d'un *e* muet devant les voyelles *a* et *o* : *Il mangea*, *nous dirigeons*.

163.—Les verbes dont la syllabe finale de l'infinitif est précédée d'un *é* fermé ou d'un *e* muet, changent cet *é* fermé ou cet *e* muet en *è* ouvert devant une syllabe muette. Ex. :

Des rangs et des honneurs tu *règles* le partage. (Col.)

164.—Excepter 1° les verbes en *éger* qui conservent toujours l'*é* fermé : il *protége*, j'*abrégerai* ;

2° Les verbes en *eler* et en *eter*, où les consonnes *l* et *t* se doublent devant un syllabe muette. Exemple :

Jésus-Christ naît, et la face du monde se *renouvelle*.
(Fénelon)

Quelques-uns de ces verbes pourtant ne font point exception et prennent l'è ouvert. Ce sont : peler, harceler, déceler, acheter, geler, bourreler. Ex. :

Une foule de peuples barbares se sont réunis sur les confins de ses provinces, qu'ils *harcèlent* sans cesse. (A. RENDU.)

N'avez-vous pas éprouvé que le plaisir du repos s'*achète* par la fatigue ? (B. DE ST-PIERRE.)

165. — Il est à remarquer que les verbes dont le radical se termine au participe présent par un *i* ou un *y*, auront deux *i* ou un *y* et un *i* à la première et à la seconde personne pluriel du passé simultané de l'affirmatif et du présent du dubitatif, attendu que la terminaison de ces temps est *ions, iez*, et que le radical ne peut perdre sa voyelle finale. Exemple :

Dieu nous a appris la manière dont il veut que nous le *priions*. (FÉNELON.)

Cette observation s'applique aux verbes des autres conjugaisons dont le participe présent (qui forme le passé simultané et le présent du dubitatif), a son radical terminé par un *i* (riant) ou par un *y* (fuyant), excepté *avoir* (ayant), qui n'a jamais d'*i* à sa terminaison. Ex. :

Il n'y avait que la durée de sa vie dont nous ne *croyions* pas devoir être en peine. (BOSSUET.)

Je commence à craindre que vous n'en *ayez* d'autant plus que vous prétendez en avoir moins. (E. SOUVESTRE.)

Soyons, du verbe *être*, s'écrit aussi sans *i* à sa terminaison. Ex. :

Soyons amis, Cinna, c'est moi qui t'en convie. (CORN.)

166. — Tous les verbes qui ont la finale *ant* du participe présent précédée de l'*y*, le changent en *i* devant un *e* muet, à quelque temps et à quelque personne que ce soit. Ex. :

Tant il est vrai que tout *ploie* et que tout est souple quand Dieu le commande. (BOSSUET.)

DEUXIÈME CONJUGAISON.

167. — *Fleurir* fait aux troisièmes personnes du passé simultané *florissait*, *florissaient* ; et au par-

ticipe présent, *florissant*, quand il est pris au figuré, c'est-à-dire dans une signification autre que celle pour laquelle il a été inventé; c'est-à-dire encore, quand il ne s'agit pas de la floraison des plantes. Aux autres temps et aux autres personnes il ne change jamais de radical, quelle que soit l'acception qu'on lui donne. Ex. :

Sous ces trois grands princes, l'empire fut *florissant*. (Ph. LEBAS.)

Les républiques grecques de l'Asie *florissaient* par le commerce. (J.-CH. LAVEAUX.)

168. — *Haïr* prend deux points sur l'*i* dans toute la conjugaison, excepté aux trois personnes du singulier du présent de l'affirmatif et à la seconde personne de l'impératif, parce que là *ai* se prononce en un seul son *è*. Ex. :

De celui qui te *hait* ta vue est le supplice. (L. RAC.)

Ce verbe, et c'est le seul, remplace au passé défini et à l'imparfait du dubitatif l'accent circonflexe par le tréma (¹), l'accent circonflexe ne suffisant pas pour faire prononcer séparément les deux voyelles, comme on le voit dans *connaître*, *paraître*. On écrit donc, nous *haïmes*, qu'il *haït*. Ex. :

Et je souhaiterais, dans ma juste colère,
Que chacun le *haït* comme le *hait* son père. (RAC.)

169. — *Bénir* fait au participe passé *béni*, *bénie*; mais employé comme adjectif, il fait *bénit*, *bénite*. Exemple :

Béni soit Dieu, mes frères! (FÉNELON.)

Nous, enfants de ces premiers chrétiens qui nous montrent la voie du ciel teinte de leur sang, pourrions-nous venir sur leurs cendres *bénites* et révérées de tous les siècles sans verser des larmes? (Id.)

TROISIÈME CONJUGAISON.

170. — Le participe *dû*, du verbe *devoir*, prend toujours l'accent circonflexe au masculin singulier, comme signe de distinction avec l'article contracté *du*. Par analogie, *redû* prend le même accent; mais au pluriel et au féminin, il disparaît dans l'un et dans l'autre. Ex. :

A la grandeur de la machine, on a *dû* proportionner la puissance de l'art. (MONT.)

Veux-tu renoncer aux égards qui te sont *dus* ?
(PRÉVOST, trad. d'Euripide.)

171.--Les verbes en *evoir* seuls se conjuguent comme *recevoir*; tous les autres de cette conjugaison sont plus ou moins irréguliers, comme on le verra plus loin, au tableau des verbes irréguliers.

QUATRIÈME CONJUGAISON.

172.—Dans les verbes en *aître* ou en *oître*, comme *paraître*, *croître*, *connaître*, l'*i* est toujours affecté de l'accent circonflexe quand il est suivi d'un *t*. Ex.:

Ne serions-nous pas convaincus que plus la vie dure, plus le nombre de nos infidélités *croît*. (FEN.)

La religion de ces peuples avant leur conversion au mahométisme, *paraît* avoir été celle de Brahma
(WALCKENAER.)

173.—Parmi les verbes terminés en *dre*, il en est qui subissent une modification dans leur radical au présent de l'affirmatif et à l'impératif (qui en est formé). Ce sont les verbes en *indre* et en *soudre*, comme *plaindre*, *résoudre*. Cette modification consiste à supprimer le *d* aux deux premières personnes du singulier, et à le remplacer par un *t* à la troisième: je *joins*, tu *joins*, il *joint*. Nous avons vu au contraire que *entendre*, et par conséquent tous les verbes réguliers conservent le *d* de l'infinitif à ces trois personnes: *j'entends*, *tu entends*, *il entend*.

CONJUGAISON DU VERBE PASSIF.

174. — Le verbe passif n'est dans tous ses temps que le verbe *être* suivi du participe passé du verbe à conjuguer. Ce participe s'accorde en genre et en nombre avec le sujet.

Nous ne donnerons que les premières personnes du singulier et du pluriel.

AFFIRMATIF.

1. *Présent.*
Je suis estimé,
Nous sommes estimés.

2 *Imparfait.*
J'étais estimé,
Nous étions estimés.

3 *Passé défini.*
Je fus estimé,
Nous fûmes estimés.

4. *Passé indéfini.*
J'ai été estimé,
Nous avons été estimés.

5. *Passé antérieur.*	6. *Plus-que-parfait.*
J'eus été estimé,	J'avais été estimé,
Nous eûmes été estimés.	Nous avions été estimés.
7. *Futur simple.*	8. *Futur antérieur.*
Je serai estimé,	J'aurai été estimé,
Nous serons estimés.	Nous aurons été estimés.

CONDITIONNEL.

1. *Présent ou Futur.*
Je serais estimé,
Nous serions estimés.

2. *Passé.*

J'aurais été estimé, *ou* j'eusse été estimé.
Nous aurions été estimés, nous eussions été estimés.

IMPÉRATIF.

Sois estimé,
Soyons estimés.

DUBITATIF.

1. *Présent ou Futur.*	3. *Passé.*
Que je sois estimé,	Que j'aie été estimé,
Que nous soyons estimés.	Que nous ayons été estimés.
2. *Imparfait.*	4. *Plus-que-parfait.*
Que je fusse estimé,	Que j'eusse été estimé,
Que nous fussions estimés.	Que nous eussions été estimés

INFINITIF.

1. *Présent.*	2. *Passé.*
Être estimé.	Avoir été estimé.

PARTICIPE.

Estimé ou étant estimé.

Rem. — Il ne faut pas oublier que si c'est une femme qui parle au passif, le participe doit prendre un *e* muet.

CONJUGAISON DES VERBES PRONOMINAUX.

175. — Nous avons dit déjà que dans ces verbes l'auxiliaire *avoir* se remplace par l'auxiliaire *être* dans les temps composés.

AFFIRMATIF.

1. *présent.*	2. *Imparfait.*
Je m'arroge,	Je m'arrogeais,
Tu t'arroges,	Tu t'arrogeais,
Il s'arroge,	Il s'arrogeait,
Nous nous arrogeons,	Nous nous arrogions,
Vous vous arrogez,	Vous vous arrogiez,
Ils s'arrogent,	Ils s'arrogeaient.

3. passé défini.
Je m'arrogeai,
Tu t'arrogeas,
Il s'arrogea,
Nous nous arrogeâmes,
Vous vous arrogeâtes,
Ils s'arrogèrent.

4. passé indéfini.
Je me suis
Tu t'es
Il s'est arrogé.
Nous nous sommes
Vous vous êtes
Ils se sont arrogé.

5 passé antérieur.
Je me fus
Tu te fus
Il se fut arrogé.
Nous nous fûmes
Vous vous fûtes
Ils se furent arrogé.

6. plus-que-parfait.
Je m'étais
Tu t'étais
Il s'était arrogé.
Nous nous étions
Vous vous étiez
Ils s'étaient arrogé.

7 Futur simple.
Je m'arrogerai,
Tu t'arrogeras,
Il s'arrogera,
Nous nous arrogerons,
Vous vous arrogerez,
Ils s'arrogeront.

8 Futur antérieur.
Je me serai
Tu te seras
Il se sera arrogé.
Nous nous serons
Vous vous serez
Ils se seront arrogé.

CONDITIONNEL.

1 présent ou futur.
Je m'arrogerais,
Tu t'arrogerais,
Il s'arrogerait,
Nous nous arrogerions,
Vous vous arrogeriez,
Ils s'arrogeraient.

2. passé.
Je me serais
Tu te serais
Il se serait arrogé.
Nous nous serions
Vous vous seriez
Ils se seraient arrogé.

ou Je me fusse
Tu te fusses
Il se fût arrogé.
Nous nous fussions
Vous vous fussiez
Ils se fussent arrogé.

IMPÉRATIF.

Arroge-toi.
Arrogeons-nous,
Arrogez-vous.

DUBITATIF.

1. présent ou futur.
Que je m'arroge,
Que tu t'arroges,
Qu'il s'arroge,
Que nous nous arrogions,
Que vous vous arrogiez,
Qu'ils s'arrogent.

2. Imparfait.
Que je m'arrogeasse,
Que tu t'arrogeasses,
Qu'il s'arrogeât,
Que nous n. arrogeassions,
Que vous v. arrogeassiez,
Qu'ils s'arrogeassent.

3. passé.	4. plus-que-parfait.
Que je me sois	Que je me fusse
Que tu te sois	Que tu te fusses
Qu'il se soit arrogé.	Qu'il se fût arrogé.
Que nous nous soyons	Que nous nous fussions
Que vous vous soyez,	Que vous vous fussiez,
Qu'ils se soient arrogé.	Q'ils se fussent arrogé.

INFINITIF.

1. *présent.*	2. *passé.*
S'arroger.	S'être arrogé.

PARTICIPES.

1 *présent.*	2. *passé.*
S'arrogeant.	S'étant arrogé.

CONJUGAISON DES VERBES UNIPERSONNELS.

176. — Ils n'ont que la troisième personne du singulier.

AFFIRMATIF.

1. *présent.*	4 *passé indéfini.*	6. *plus-q.-parfait.*
Il gèle.	Il a gelé.	Il avait gelé.
2. *Imparfait.*	5 *passé antérieur.*	7. *Futur simple.*
Il gelait.	Il eut gelé.	Il gèlera.
3. *passé défini.*		8. *Futur antérieur.*
Il gela.		Il aura gelé.

CONDITIONNEL.

1. *présent.*	2 *passé.*
Il gèlerait.	Il aurait gelé *ou* il eût gelé.

DUBITATIF.

1. *présent ou futur.*	3. *passé.*
Qu'il gèle.	Qu'il ait gelé.
2 *Imparfait.*	4 *plus que parfait.*
Qu'il gelât.	Qu'il eût gelé.

INFINITIF.

1. *présent.*	2. *passé.*
Geler.	Avoir gelé.

PARTICIPES.

1. *présent.*	2. *passé.*
Gelant.	Ayant gelé.

CONJUGAISON DES VERBES INTERROGATIFS.

177 AFFIRMATIF.

1. *présent.*	2 *passé simultané.*	3. *passé défini.*
Chanté-je ?	Chantais-je ?	Chantai-je ?
Chantes-tu ?	Chantais-tu ?	Chantas-tu ?
Chante-t-il ?	Chantait-il ?	Chanta-t-il ?
Chantons-nous ?	Chantions-nous ?	Chantâmes-nous ?
Chantez-vous ?	Chantiez-vous ?	Chantâtes-vous ?
Chantent-ils ?	Chantaient-ils ?	Chantèrent-ils ?

4. *passé indéfini.*	6. *plus-que parfait.*	7. *Futur simple.*
Ai-je	Avais-je	Chanterai-je ?
As-tu	Avais-tu	Chanteras-tu ?
A-t-il chanté ?	Avait-il chanté ?	Chantera-t-il ?
Avons-nous	Avions-nous	Chanterons-nous ?
Avez-vous	Aviez-vous	Chanterez-vous ?
Ont-ils chanté?	Avaient-ils chanté?	Chanteront-ils ?
5. *passé antérieur.*		8. *Futur antérieur.*
Eus-je		Aurai-je
Eus-tu		Auras-tu
Eut-il chanté ?		Aura-t-il
Eûmes-nous		Aurons-nous
Eûtes-vous		Aurez-vous
Eurent-ils chanté?		Auront-ils chanté?

CONDITIONNEL.

1. *présent ou futur.*	2. *passé.*		
Chanterais-je ?	Aurais-je	*ou*	eussé-je
Chanterais-tu ?	Aurais-tu		eusses-tu
Chanterait-il ?	Aurait-il	chanté ?	eût-il chanté ?
Chanterions-nous?	Aurions-nous		eussions-nous
Chanteriez-vous ?	Auriez-vous		eussiez-vous
Chanteraient-ils ?	Auraient-ils		eussent-ils chanté?

178. — REMARQUES. 1° Dans les verbes conjugués interrogativement, on met toujours un trait d'union entre le verbe et le pronom sujet : *Aimai-je? ai-je* aimé ?

179.—2° Si le verbe se termine par une voyelle, on met un *t* entre deux traits d'union devant les pronoms *il*, *elle*, *on*; ex.: *aima-t-il? aimera-t-elle?* Ce *t* s'appelle euphonique (qui sonne bien), parce qu'en effet il donne un son plus doux.

180.—3° Si à la première personne le verbe se termine par un *e* muet, comme j'aim*e*, je chant*e*, cet *e* se change en un *é* fermé: *aimé-je? appelé-je ?*

181.—4° La conjugaison interrogative ne comprend que deux modes : l'affirmatif et le conditionnel. Cependant la forme interrogative s'emploie aussi au dubitatif avec l'idée de souhait, ou l'idée de supposition, mais pour quelques verbes seulement et à quelques personnes. Le verbe *pouvoir* étant un des plus complets à ce mode, nous allons en donner toutes les formes.

1. *présent ou futur.*	3. *plus-que-parfait.*
Puissé-je !	Eussé-je pu,
Puisses-tu !	Eusses-tu pu,
Puisse-t-il !	Eût-il pu,
Puissions-nous !	Eussions-nous pu,
Puissiez-vous !	Eussiez-vous pu,
Puissent-ils !	Eussent-ils pu.
2. *Imparfait.*	
Pût-il,	
Pussions-nous,	
Pussiez-vous,	
Pussent-ils.	

182.—5° Quelques verbes, qui au présent de l'affirmatif n'ont qu'une syllabe, ne s'emploient pas à la première personne du singulier. Ce sont ceux qui se terminent par deux consonnes au moins. On ne dira donc pas : *prends-je*, *dors-je*, *cours-je*, *peux-je*. Cependant Bourdaloue a dit :

Mais ce salut si important pour moi, le *veux-je* ?

Quant aux autres qui ne se terminent pas par deux consonnes, ils s'emploient très bien à cette personne. Ex. :

O Dieux hospitaliers ! que *vois-je* ici paraître ? (Laf.)
Est-ce assez, dites-moi ? N'y *suis-je* point encore ? (Id.)

183.—6° Il faut avoir soin de ne pas confondre les formes *aimé-je*, *aimais-je*, *aimai-je*, que l'on prononce à peu près de la même manière. Il suffit, pour ne pas s'y tromper, de se rappeler la différence de temps exprimée par le présent, le passé simultané et le passé défini, et de tourner par la première personne du pluriel en employant *nous* au lieu de *je*, ou bien encore de mettre le pronom avant le verbe, en faisant disparaître la forme interrogative. Exemple :

Je me défie de moi-même, aussi *parlé-je* peu en société.—Tournez : —Nous nous défions de nous-mêmes, aussi *parlons-nous* peu en société. Ou bien : je me défie de moi-même, aussi je *parle* peu en société.

Je ne doutais de rien dans ma jeunesse, aussi *parlais-je* de tout à tort et à travers ; c'est-à-dire aussi *je parlais*, ou bien, aussi *nous parlions* de tout à tort et à travers.

Votre frère est un jeune homme modeste : aussi *parlai-je* de lui avec avantage toutes les fois que j'en eus l'occasion. — Tournez : — Aussi je parlai ; ou, aussi *parlâmes-nous*.

Parlé-je de sortir, vous ne le voulez pas.

Parlais-je de sortir, on ne le voulait pas.

§. IX. — Verbes défectifs et irréguliers.

184. — Les verbes qui ont tous les temps et toutes les personnes conformes aux modèles que nous avons donnés sont dits réguliers.

Mais un grand nombre de verbes, tant transitifs qu'intransitifs, s'écartent plus ou moins de ces modèles ; on les appelle *défectifs* ou *irréguliers*.

Un verbe est *défectif* quand il lui manque un ou plusieurs temps, une ou plusieurs personnes. Ainsi *choir*, *absoudre*, tous les verbes unipersonnels, sont *défectifs*. (Voir les tableaux ci-après.)

Un verbe est irrégulier quand, ayant tous les temps et toutes les personnes, il ne suit pas en tout les modèles des quatre conjugaisons ; ainsi *envoyer*, *aller*, sont des verbes irréguliers.

Nota. — Tout verbe *défectif* est *irrégulier*, puisqu'il n'est pas en tout conforme aux modèles ; mais tout verbe irrégulier n'est pas défectif.

185. — Un verbe peut être irrégulier dans ses temps primitifs et dans ses temps dérivés.

Il est irrégulier dans ses temps primitifs, lorsqu'il ne suit pas l'analogie qui existe entre les cinq temps primitifs de la conjugaison à laquelle il appartient. Ainsi *aller* est irrégulier dans ses temps primitifs, car il fait *aller*, *allant*, *allé*, je vais, j'*allai*, au lieu qu'en suivant l'analogie des temps du verbe *aimer*, il devrait faire au présent de l'indicatif j'*alle*, et non je *vais*.

Un verbe est irrégulier dans ses temps dérivés, quand un ou plusieurs de ses temps ne suivent pas la formation que nous avons indiquée. Ainsi *envoyer*, d'après les règles de formation, devrait faire au futur *j'envoyerai;* mais l'usage veut qu'on dise *j'enverrai.* C'est une irrégularité dans un temps dérivé.

186 — Enfin un verbe peut être irrégulier à la fois dans ses temps primitifs et dans ses temps dérivés. *Aller*, que nous avons vu irrégulier dans ses temps primitifs, l'est aussi dans ses temps dérivés, puisqu'il fait au futur *j'irai*, au lieu de la forme régulière *j'allerai.*

De même au dubitatif présent, on dit *que j'aille*, au lieu de la forme régulière *que j'alle.*

TEMPS PRIMITIFS.				
PRÉSENT de L'INFINITIF.	PARTICIPE PRÉSENT.	PARTICIPE PASSÉ.	PRÉSENT de L'INDICATIF.	PASSÉ DÉFINI.
187.				PREMIÈRE
Aller	Allant	Allé	Je vais	J'allai
S'en aller	S'en allant	S'en étant allé	Je m'en vais	Je m'en allai
Envoyer Teter *ou* Téter	Envoyant Tetant *ou* Tétant	Envoyé Teté *ou* Tété	J'envoie Je tette	J'envoyai Je tetai *ou* je tétai
188				DEUXIÈME
Acquérir	Acquérant	Acquis	J'acquiers	J'acquis
Assaillir	Assailli	Assailli	J'assaille	J'assaillis
Bouillir	Bouillant	Bouilli	Je bous	Je bouillis
Courir	Courant	Couru	Je cours	Je courus
Cueillir	Cueillant	Cueilli	Je cueille	Je cueillis
Dormir	Dormant	Dormi	Je dors	Je dormis
Faillir	Faillant	Failli	Je faux	Je faillis
Défaillir	Défaillant	Défailli	Je défaille	Je défaillis
Fuir	Fuyant	Fui	Je fuis	Je fuis

TEMPS DÉRIVÉS

QUI SE FORMENT IRRÉGULIÈREMENT DES TEMPS PRIMITIFS, SOIT DANS TOUTE LEUR ÉTENDUE, SOIT DANS CERTAINES PERSONNES.

CONJUGAISON.

Indicatif présent. Je vais ou je vas, tu vas, il va, nous allons, vous allez, ils vont. *Futur* J'irai, tu iras, il ira, nous irons, vous irez, ils iront.—*Conditionnel présent.* J'irais, tu irais, etc.—*Impératif.* Va, allons, allez,—*Dubitatif prés.* Que j'aille, que tu ailles, qu'il aille, que nous allions, que vous alliez, qu'ils aillent.

Le mot *en* précède toujours l'auxiliaire comme dans tous les verbes pronominaux où ce pronom figure.—Je m'en suis allé, il s'en était allé. —*Impératif.* Va-t'en.—Il faut bien distinguer si le mot *en* qui suit l'impératif en est complément de cet impératif; car, s'il dépendait d'un infinitif suivant l'impératif, il ne faudrait plus de trait d'union. Ex.:

Olympe, va-t'en voir ce funeste spectacle. (RACINE.)
Va-t'en, fils indigne de moi, lui dit le père inexorable. (MARMONTEL.)
Cette nouvelle est-elle bien vraie? — *Va t'en assurer.*

Futur et conditionnel présent. J'enverrai, j'enverrais; *renvoyer* composé de *envoyer* se conjugue de même. Il en est ainsi de tous les composés; ils se conjuguent comme leurs simples. Si quelques-uns en diffèrent, nous en donnerons les formes irrégulières.

CONJUGAISON.

Indicatif prés. J'acquiers, tu acquiers, il acquiert, nous acquérons, vous acquérez, ils acquièrent. — *Futur.* J'acquerrai, tu acquerras. — *Conditionnel prés.* J'acquerrais —*Dubitatif prés.* Que j'acquière, que tu acquières, qu'il acquière, que nous acquérions, que vous acquériez, qu'ils acquièrent.

Futur. J'assaillirai.—*Cond. prés.* J'assaillirais.

Indicatif prés. Je bous, tu bous, il bout, nous bouillons, vous bouillez, ils bouillent.—*Futur.* Je bouillirai. — *Conditionnel prés.* Je bouillirais.

Futur. Je courrai. — *Conditionnel prés.* Je courrais.

Futur. Je cueillerai. — *Conditionnel prés.* Je cueillerais.

Futur. Je faudrai. — *Cond. prés.* Je faudrais.

Indicatif prés. Je fuis, tu fuis, il fuit, nous fuyons, vous fuyez, ils fuient.— *Pas d'imparfait du subjonctif.*

TEMPS PRIMITIFS.				
PRÉSENT de L'INFINITIF.	PARTICIPE PRÉSENT.	PARTICIPE PASSÉ.	PRÉSENT de L'INDICATIF.	PASSÉ DÉFINI.
Mourir	Mourant	Mort	Je meurs	Je mourus
Offrir	Offrant	Offert	J'offre	J'offris
Ouïr		Ouï		J'ouïs
Ouvrir	Ouvrant	Ouvert	J'ouvre	J'ouvris
Partir	Partant	Parti	Je pars	Je partis
Quérir				
Sentir	Sentant	Senti	Je sens	Je sentis
Sortir	Sortant	Sorti	Je sors	Je sortis
Tenir	Tenant	Tenu	Je tiens	Je tins
Tressaillir	Tressaillant	Tressailli	Je tressaille	Je tressaillis
Venir	Venant	Venu	Je viens	Je vins
Vêtir	Vêtant	Vêtu	Je vêts	Je vêtis
189				TROISIÈME
Choir		Chu		
Déchoir		Déchu	Je déchois.	Je déchus
Échoir	Échéant	Échu	Il échoit *ou* il échet	J'échus
Falloir		Fallu	Il faut	Il fallut
Mouvoir	Mouvant	Mu	Je meus	Je mus
Pleuvoir	Pleuvant	Plu	Il pleut	Il plut
Pourvoir	Pourvoyant	Pourvu	Je pourvois	Je pourvus
Pouvoir	Pouvant	Pu	Je peux ou je puis	Je pus

TEMPS DÉRIVÉS

... IRRÉGULIÈREMENT, DES TEMPS PRIMITIFS, SOIT DANS TOUTE ... EN ENTIER, SOIT DANS CERTAINES PERSONNES.

... *prés.* Je meurs, tu meurs, il meurt, nous mourons, vous ... ils meurent. — *Futur.* Je mourrai. — *Conditionnel prés.* Je ... — *Subjonctif prés.* Que je meure, que tu meures, qu'il meure, nous mourions, que vous mouriez, qu'ils meurent.

... imparf. *il oyait.*—L'*i* a toujours le tréma.

... même *repartir* (partir de nouveau); *répartir* (faire ... régulier.

... que les chefs des Germains *répartissaient* tous les ans ... parmi le peuple. (HEGEWISCH, traduit par BOURGOING.)

... l'infinitif avec les verbes aller, envoyer, venir. Ex.: Il va quérir.

... comme sentir, etc.

... positif, est régulier.

... Je tins, tu tins, il tint, nous tînmes, vous tîntes, ils tinrent.

... Je ressaillirai.

... Comme *tenir*.

... Je vêts, tu vêts, il vêt, ils vêtissent ou ils vêtent (peu usité). Ex.: ... les vêtissent. (DE LAMARTINE.)— Ils condamnent les orne... ... d'or, ne se vêtent que de robes blanches. (TAILLIAR.)

... est plus usité; il a tous les temps.

...CONJUGAISON.

... inusité.

... *prés.* Je déchois, tu déchois, il déchoit, nous déchoyons, ... , ils déchoient, ou nous déchéons, vous déchéez, ils ... — *Futur.* Je décherrai. — *Conditionnel prés.* Je décherrais.

... J'écherrai. — *Conditionnel prés.* J'écherrais.

Imparfait. Il fallait. — *Futur.* Il faudra. — *Conditionnel.* Il faudrait. *Subjonctif prés.* Qu'il faille.

Indicatif prés. Je meus, tu meus, il meut, nous mouvons, vous mou... ils meuvent.—*Subjonctif prés.* Que je meuve, que tu meuves, ... meuve, que nous mouvions, que vous mouviez, qu'ils meuvent.

... il

... Je pourvoirai. — *Conditionnel prés.* Je pourvoirais.

Indicatif prés. Je peux, tu peux, il peut, nous pouvons, vous pou... , ils peuvent.— *Futur.* Je pourrai.— *Conditionnel.* Je pourrais.— *Subjonctif prés.* Que je puisse.

TEMPS PRIMITIFS.

PRÉSENT de L'INFINITIF.	PARTICIPE PRÉSENT.	PARTICIPE PASSÉ.	PRÉSENT de L'INDICATIF.	PASSÉ DÉFINI.
Prévaloir	Prévalant	Prévalu	Je prévaux	Je prévalus
Prévoir	Prévoyant	Prévu	Je prévois	Je prévis
Asseoir	Asseyant	Assis	Je m'assieds	Je m'assis
Savoir	Sachant	Su	Je sais	Je sus
Surseoir	Sursoyant	Sursis	Je sursois	Je sursis
Valoir	Valant	Valu	Je vaux	Je valus
Voir	Voyant	Vu	Je vois	Je vis
Vouloir	Voulant	Voulu	Je veux	Je voulus

Absoudre	Absolvant	Absous	J'absous	
Boire	Buvant	Bu	Je bois	Je bus
Braire			Il brait	
Bruire	Bruyant		Il bruit	
Circoncire	Circoncisant	Circoncis	Je circoncis	Je circoncis
Clore		Clos	Je clos	
Conclure	Concluant	Conclu	Je conclus	Je conclus
Confire	Confisant	Confit	Je confis	Je confis
Coudre	Cousant	Cousu	Je couds	Je cousis
Croire	Croyant	Cru	Je crois	Je crus
Croître	Croissant	Crû	Je crois	Je crûs

TEMPS DÉRIVÉS

QUI SE FORMENT IRRÉGULIÈREMENT DES TEMPS PRIMITIFS, SOIT DANS TOUTE LEUR ÉTENDUE, SOIT DANS CERTAINES PERSONNES.

NOTA. Les composés de *valoir* rejettent l'*i* au subjonctif prés. On dit onc : *Que je prévale*, etc.

(Comme *pourvoir*.)

Indicatif prés. J'assieds, tu assieds, il assied, nous asseyons, vous sseyez, ils asseyent.— *Futur.* J'asseyerai, j'assoirai ou j'assiérai. Quelues auteurs disent aussi au présent de l'affirmatif : J'assois, tu asois, etc.

Indicatif prés. Je sais, tu sais, il sait, nous savons, vous savez, s savent. — *Futur.* Je saurai. — *Conditionnel.* Je saurais. — *Impér.* che, sachons, sachez.

Futur. Je surseoirai.— *Conditionnel.* Je surseoirais.

Futur. Je vaudrai.— *Conditionnel.* Je vaudrais.— *Dubit. prés.* Que vaille, que tu vailles, qu'il vaille, que nous valions, que vous valiez, u'ils vaillent.

Futur. Je verrai.— *Conditionnel.* Je verrais.

Indicatif prés. Je veux, tu veux, il veut, nous voulons, vous voulez, s veulent.—*Futur.* Je voudrai.—*Cond.* Je voudrais.—*Subj. prés.* Que veuille, que tu veuilles, qu'il veuille, que nous voulions, que vous ouliez, qu'ils veuillent. A l'impératif, on dit *veuillez* au lieu de *voulez*, evant un infinitif, et au singulier *veuille* au lieu de *veux*. Ex. :

Que dois-je faire ? dis, *veuille* me conseiller. (MOLIÈRE.)

CONJUGAISON.

NOTA. — *Dissoudre* se conjugue de même. — *Absolu* et *dissolu* sont ujours adjectifs ; *absous* et *dissous* sont verbes.

Indicatif prés. Je bois, tu bois, il boit, nous buvons, vous buvez, boivent.

Seules formes usitées : il brait, ils braient, il braira, ils brairont.

Seules formes usitées aux temps dérivés : Il bruyait, ils bruyaient.

Infinitif prés. Je clos, tu clos, il clôt (sans pluriel) — *Futur.* je lorai. — *Conditionnel.* Je clorais.

NOTA. Ce verbe prend toujours l'accent circonflexe sur la dernière oyelle de la première syllabe, excepté devant deux *s* : il le prend même l'imparf. du subjonctif, malgré les deux *s* : que je *crûsse*.

TEMPS PRIMITIFS.				
PRÉSENT de L'INFINITIF.	PARTICIPE PRÉSENT.	PARTICIPE PASSÉ.	PRÉSENT de L'INDICATIF.	PASSÉ DÉFINI.
Dire	Disant	Dit	Je dis	Je dis
Eclore		Eclos	Il éclôt	
Ecrire	Ecrivant	Ecrit	J'écris	J'écrivis
Faire	Faisant	Fait	Je fais	Je fis
Frire		Frit	Je fris	
Lire	Lisant	Lu	Je lis	Je lus
Luire	Luisant	Lui	Je luis	
Maudire	Maudissant	Maudit	Je maudis	Je maudis
Mettre	Mettant	Mis	Je mets	Je mis
Moudre	Moulant	Moulu	Je mouds	Je moulus
Naître	Naissant	Né	Je nais	Je naquis
Oindre	Oignant	Oint	J'oins	J'oignis
Paître	Paissant	Pu	Je pais	
Paraître	Paraissant	Paru	Je parais	Je parus
Plaire	Plaisant	Plu	Je plais	Je plus
Prendre	Prenant	Pris	Je prends	Je pris
Résoudre	Résolvant	résolu ou résous	Je résous	Je résolus
Rire	Riant	Ri	Je ris	Je ris
Suffire	Suffisant	Suffi	Je suffis	Je suffis
Suivre	Suivant	Suivi	Je suis	Je suivis
Taire	Taisant	Tu	Je tais	Je tus
Teindre	Teignant	Teint	Je teins	Je teignis
Traduire	Traduisant	Traduit	Je traduis	Je traduisis
Traire	Trayant	Trait	Je trais	
Vaincre	Vainquant	Vaincu	Je vaincs	Je vainquis
Vivre	Vivant	Vécu	Je vis	Je vécus

TEMPS DÉRIVÉS,

QUI SE FORMENT IRRÉGULIÈREMENT DES TEMPS PRIMITIFS, SOIT DANS TOUTE LEUR ÉTENDUE, SOIT DANS CERTAINES PERSONNES.

Indicatif prés. Je dis, tu dis, il dit, nous disons, vous dites, ils disent. — *Redire* et *médire*, seuls de tous les composés de *dire*, font comme celui-ci la seconde personne du pluriel muette. — Les autres composés conjuguent ce temps régulièrement.

Indicatif prés. Il éclôt, ils éclosent. — *Futur.* Il éclôra, ils éclôront. — *Conditionnel.* Il éclôrait; ils éclôraient. — *Dubitatif prés.* Qu'il éclose, qu'ils éclosent. — Les temps composés avec *être : il est éclos.*

Indicatif prés. Je fais, tu fais, il fait, nous faisons, vous faites, ils font. — *Futur.* Je ferai. — *Cond.* Je ferais. — *Subj. prés.* Que je fasse.
NOTA. Tous les composés de *faire* font muette la seconde personne du pluriel au présent de l'affirmatif et à l'impératif. Ex. :
Enfin de tous les Grecs *satisfaites* l'envie. (RACINE.)

Futur. Je frirai. — *Conditionnel.* Je frirais. *Impér.* Fris. — Et les temps composés. Le reste se conjugue avec faire : *je fais frire, il fit frire.*

Peu usité, excepté avec faire ou tout autre verbe : je fais paître, il fera paître, menons paître.

Indicatif prés. Je prends, tu prends, il prend, nous prenons, vous prenez, ils prennent. — *Subjonctif prés.* Que je prenne, que tu prennes, qu'il prenne, que nous prenions, que vous preniez, qu'ils prennent.

De même tous les verbes en *eindre* ou *aindre.*

La lettre c du verbe *vaincre* se remplace par *qu* devant a, e, i, o.

REMARQUES.

191.—Comme complément du tableau que nous venons de donner, il est nécessaire d'ajouter ici quelques observations sur certains verbes qui changent de formes selon qu'ils changent de signification, ou qui ne sont plus employés qu'à certaines personnes.

1° *Gésir* n'est plus usité à l'infinitif.— *Ind. prés.* Il gît, ci-gît.— *Plur.* Nous gisons, etc.— *Participe prés.* Gisant.— *Imparf.* Régulier. Ex. :

Ci gît l'illustre et malheureux Rousseau. (PIRON.)
Ci-gisent les Acarnaniens. (ROLLIN.)

2° *Résoudre* a deux participes passés : *résolu* (décidé), et *résous*, *résoute* (réduit). Ex. :

Des vapeurs se sont *résoutes* en pluie. (LETRONNE.)
Il sait bien qu'à regret je m'y suis *résolu*. (RACINE.)

3° *Ressortir* (sortir de nouveau) se conjugue comme *sortir*.— Ex. : Il sort et *ressort* à chaque instant.

Ressortir (être sous la juridiction de), est régulier et se conjugue comme *finir*. Ex. :

Tout ouvrage, toute doctrine
Ressortit à son tribunal. (J.-B. ROUSSEAU.)

Il n'y a pas dans l'Océan une seule goutte d'eau qui ne soit pleine d'êtres vivants qui *ressortissent* à nous.
(B. DE SAINT-PIERRE.)

4° *Saillir* (s'avancer) est usité à l'infinitif et aux troisièmes personnes. — *Indicatif prés.* Il saille, ils saillent.—*Imparfait.* Il saillait, ils saillaient.— *Futur.* Il saillera, etc.—Dans tout autre sens, ce verbe est régulier et se conjugue comme *finir*.

5° *Seoir* (être convenable) est usité aux troisièmes personnes.—*Indicatif prés.* Il sied, ils siéent. — *Imparfait.* Il séyait, ils séyaient. — *Futur.* Il siéra, ils siéront. — *Conditionnel.* Il siérait, ils siéraient.—*Subjonctif prés.* Qu'il siée, qu'ils siéent. — *Participe prés.* Séyant.—Point de temps composés.

Seoir (s'asseoir).— L'impér. *sieds*, le participe passé, *sis*, *sise*, avec le participe prés. *séant*, sont les seuls temps usités.

CHAPITRE VIII.

DE L'ADVERBE.

192. — L'adverbe est un modificatif qui le plus souvent est joint au verbe, et c'est de là que lui vient son nom (auprès du verbe). Mais si on le considère dans son emploi le plus général, on peut dire que l'adverbe est le modificatif des mots invariables de leur nature.

La plupart des adverbes se forment des adjectifs de la manière suivante :

193. — 1° Ajoutez *ment* à l'adjectif masculin terminé par une voyelle, ou à l'adjectif *féminin*, si le masculin se termine par une consonne : *ingénu*, *ingénument* ; *facile*, *facilement* ; *général*, *généralement*. Ex. :

Le trône *indignement* renversé et *miraculeusement* rétabli. (Bossuet.)

Remarque. — Quelques adjectifs changent l'*e* muet final, soit masculin, soit féminin, en *é* fermé, et cela, par raison d'euphonie : *confus*, *confusément* ; *commode*, *commodément*.

194. — 2° Les adjectifs en *ent* et en *ant* changent cette finale en *emment* ou *amment* : *précédent*, *précédemment* ; *courant*, *couramment*.

Remarque. — Quelques adjectifs font exception aux deux règles précédentes : *gentil*, *gentiment* ; *impuni*, *impunément* ; *présent*, *présentement* ; *véhément*, *véhémentement*.

195. — Outre les adverbes dérivant des adjectifs, il en est un assez grand nombre qui sont des mots primitifs, et qui par conséquent ne se forment d'aucun autre mot : *déjà*, *demain*, *hier*, *si*, *en*, *y*, etc.

Il ne faut pas confondre ces deux derniers avec en et y, pronoms personnels, signifiant *de cela*, *à cela*, *de lui*, *d'elle*, *à lui*, *à elle*; tandis que *en* [illegible] *y*, adverbes, signifient *de là*, *là*; *j'en viens*, *j'y vais*.

196.—Quelquefois on unit plusieurs mots [illegible] à remplir la fonction de l'adverbe, comme [illegible] *peu à peu*, *à foison*, *à la légère*, [illegible] *abord*, etc. Ces expressions sont dites [illegible] *adverbiales*. — Ex. : Vous venez *à propos* [illegible] ferai *peu à peu*.

197. — Les adverbes n'ont ordinairement [illegible] compléments, et ils sont eux-mêmes complém[illegible] du mot auquel ils sont joints. Il en est cepen[illegible] qui conservent le complément de l'adjectif don[illegible] sont formés. — Ex. : *Antérieurement à celle* [illegible] que. D'autres, principalement ceux qui m[illegible] la quantité, ont aussi un complément dé[illegible] mais alors ils sont pris substantivement : [illegible] peuples, *beaucoup* de ressources.

CHAPITRE IX.

DE LA PRÉPOSITION.

198.—La préposition (mot placé avant) est ainsi appelée de ce qu'elle précède *toujours* un substantif ou un mot pris substantivement.

En effet, la préposition est un mot invariable, servant à marquer le rapport existant entre deux idées.

199.—Toute préposition annonce un complément indirect. Le substantif ou mot employé substantivement qui suit la préposition, est toujours le complément indirect du mot auquel elle le joint. En d'autres termes : *de deux idées qu'unit la préposition, la seconde est le complément indirect de la première.*

200. — REMARQUE. — N'oublions pas que le complément du substantif ne peut être marqué que par la préposition *de*. — Ex. : Le livre *de mon frère* est intéressant. — *De mon frère* est le complément de *livre*, dont il achève de déterminer l'étendue de signification.

201. — Quelquefois on a besoin d'unir plusieurs mots pour marquer le rapport entre deux idées, comme par exemple : *à propos de*, *hors de*, *conformément à*, *au dessus de*, etc. Ces expressions qui remplacent une simple préposition, sont appelées *locutions prépositives*.

202. — Quelques prépositions deviennent adverbes quand elles sont employées absolument, c'est-à-dire sans être suivies d'un complément. Ex. : *Avant* tout, il faut nous entendre. — Il m'a avoué *après*, qu'il n'y avait rien compris.

On peut aussi considérer *avant* et *après* comme prépositions dans ces phrases, en sous-entendant les compléments, comme par exemple : — Avant tout, il faut nous entendre. — Il m'a avoué après *la leçon* (ou *toute autre chose*), qu'il n'y avait rien compris.

CHAPITRE X.

DE LA CONJONCTION.

203. — La conjonction est un mot invariable qui, comme l'indique son nom, sert à unir deux pensées (ou deux propositions). Il y a cette différence entre la préposition et la conjonction, que la première unit deux mots, et la seconde deux propositions.

204. — Mais les propositions peuvent être *coordonnées* entre elles (*mises sur le même rang, de même nature*), comme : *Dieu est juste et il récom-*

pense la vertu ; ou *subordonnées* les unes aux autres (*dépendantes les unes des autres*), comme : *Nous sommes persuadés* que *Dieu récompensera la vertu.*

La phrase suivante nous présente trois propositions dont la seconde est coordonnée à la première, et la troisième subordonnée à la seconde.

Toutes ces idées me confondent, *et* je ne puis assez m'étonner de voir *que* cette charité divine s'étende jusqu'à moi. (BOURDALOUE.)

205.—De ce qui précède, nous distinguons deux sortes de conjonctions : les unes, destinées à unir des propositions coordonnées, sont les *conjonctions* proprement dites ; les autres, destinées à unir des propositions subordonnées, sont les *conjonctifs.*

206.—Les conjonctions peuvent se réduire à *sept* principales : *et*, *ou*, *ni*, *mais*, *or*, *donc*, *car*. Toutes les autres se rapportent à celles-là.

Les conjonctifs peuvent se réduire à *deux : si*, *que*. On y joint tous les mots formés de *que : bien que*, *lorsque*, *quand*, *comme*, *qui*, *dont*, *lequel*, *où*, etc. Mais il faut excepter ceux de ces mots qui seraient employés interrogativement ; comme : *où allez-vous ? — Où* n'est pas ici conjonctif, comme il l'est dans *dites-moi où vous allez.*

207.—REMARQUE.—Ne confondez pas *ou* conjonction, avec *où* conjonctif ; le premier peut toujours se remplacer par *ou bien*. Ex. :

C'est par la raison que les hommes sont unis ou qu'ils doivent l'être. (*Leçons de la Sagesse.*) C'est-à-dire, *ou bien* qu'ils doivent l'être.

208.—Ne confondez pas non plus *si* adverbe avec *si* conjonctif : le premier marque l'extension, et signifie *tellement* ; le second exprime la condition, le doute, la supposition, et précède le sujet du verbe. Ex. :

Il est bien étrange que dans une affaire qui me touche de *si* près, et qui m'est *si* essentielle, on puisse être en doute *si* je la veux véritablement, ou *si* je n'y suis pas insensible. (BOURDALOUE.)

... deux premiers sont adverbes, les deux derniers sont conjonctifs.

... font conjonctif composé de plusieurs mots ... dit locution conjonctive; *bien que*, ou *afin que*, *avant que*, *à moins que*, *de sorte que*, etc.

... — ... les mots dérivés de *que*, ou qui le renferment, sont conjonctifs, mais il n'y a que ceux-là. Dans cette phrase : — Ce jeune homme est modeste *quoique* il soit savant; nous retrouvons le conjonctif *que* (quoique). Dans cette autre : — J'irai ... vous voudrez, — *quand* équivaut à : *le jour que*; ... est donc un conjonctif.

... Les mots *comme si* ne doivent jamais s'analyser comme une seule locution conjonctive. Ce ... deux conjonctifs distincts et qui commencent deux subordonnées. — *Comme* forme à lui seul une proposition elliptique. (Voir le chapitre de l'analyse.) Ex. : Il agit *comme* s'il était le maître; c'est-à-dire, il agit (comme il agirait) s'il était le maître.

... — Les conjonctions *et*, *ou*, *ni*, paraissent quelquefois lier, non pas deux propositions coordonnées, mais seulement deux sujets, deux attributs, deux compléments de même nature. Ce n'est alors qu'une simple abréviation. En effet, quand je dis : *Mon père et ma mère sont bons*, c'est comme si je disais : *Mon père est bon et ma mère est bonne*.

CHAPITRE XI.

DE L'INTERJECTION.

...3. — L'interjection est un mot invariable, servant à exprimer une émotion, une pensée subite de l'âme, et qu'on n'a pas le temps d'énoncer complétement.

On l'appelle *interjection* (mot jeté entre), parce que c'est une pensée *jetée au milieu* d'autres pensées.

Les principales interjections sont : *Ah! ha! eh! hé! oh! ho! hélas! ouf! fi!*

CHAPITRE XI.

DES SIGNES ORTHOGRAPHIQUES.

§ I. — ACCENTS.

214.—*Accent* veut dire *qui appartient au chant, à la prononciation*.

Les accents sont donc des signes qui servent à marquer les modifications des sons.

215.—Il y a dans notre langue trois accents : l'*aigu*, qui ne se met que sur la voyelle *e*, en cette forme *é*; le *grave*, qui se met sur les voyelles *a*, *e*, *u*, en cette forme *à*, *è*, *ù*; et le *circonflexe*, qui se met sur les cinq voyelles, en cette forme, *â*, *ê*, *î*, *ô*, *û*.

216.—ACCENT AIGU. — *Aigu* signifie *mince*, *délié*, *effilé*; l'accent aigu sert donc à donner à la voyelle qu'il surmonte un son *mince*, *délié*, clair, perçant, rapide.

L'accent aigu se place : 1° sur les *é* fermés qui terminent une syllabe :

Tu seras châtié de ta *témérité*. (LAF.)

Mais on écrira sans un accent aigu *rocher*, *nez*, parce que l'*e* fermé ne termine pas la syllabe.

NOTA.—L'*e* fermé conserve l'accent aigu au pluriel, bien qu'il ne termine pas la syllabe. Ex. :

Ce sont ceux des *infortunés*. (CHATEAUBRIAND)

Et au singulier, quand il est suivi simplement d'un *e* muet. Ex. :

Je viens, selon l'usage antique et solennel,
Célébrer avec vous la fameuse *journée*,
Où sur le mont Sina la loi nous fut *donnée*. (RACINE.)

[illegible] qui précède la syllabe *je* ou *ge* finale, comme *manège*, *collège*, *puissé-je*, *placé-je*. Ex. :

[illegible] après dix ans voir mon palais en cendres !

[illegible] ACCENT GRAVE. — *Grave* signifie *lourd*, *pesant*, *traînant* ; l'accent grave sert donc à noter un son lourd, traînant, plein.

Il se place : 1° sur l'*a* final de tous les mots invariables (adverbes, prépositions, interjections) qui [illegible], comme *déjà*, *là*, *holà*, *çà*, *à*, etc.

2° sur les *è* ouverts qui terminent la syllabe ; comme il *décèle*, *querelle*, *modèle* ; ou suivis de l's finale, comme *succès*, *après*, *procès*, etc.

3° sur *où* conjonctif, comme signe de distinction avec *ou* conjonction. Ex. :

Vous désertez des maisons et des compagnies où les [illegible] vous édifieraient, où l'exemple vous animerait [illegible]. (*Leçons de la Sagesse.*)

[illegible] ACCENT CIRCONFLEXE. — *Circonflexe* signifie [illegible] ; il est ainsi nommé à cause de sa [illegible].

L'accent circonflexe s'emploie : 1° sur les *â* longs, dans certains mots que l'usage seul peut faire connaître, comme *théâtre*, *âge*, *châle*, et sert de signe de distinction dans quelques autres, comme *châsse* (boîte pour les reliques) et *chasse* (poursuite du gibier), et *tache* (souillure), etc. Ex. :

S'il n'est *chasse* que de vieux chiens, il n'est *châsse* que de vieux saints. (Camus, évêque.)

2° sur certains *ê* longs qui terminent une syllabe, comme *tête*, *fête*, *même*, *être*, *suprême*, *frêle*, etc.

3° sur certains *î* longs qui terminent la syllabe, comme [illegible], *épître*, *paraître*, *croître*, *chaîne*, *faîte*, etc.

4° sur certains *ô* longs, comme *dôme*, *apôtre*, *trône*, *le nôtre* (pronom), qui se distingue ainsi de *notre* (adjectif), [illegible], etc.

5° sur certains *û* longs comme *flûte*, *piqûre* ; et comme signe de distinction dans *mûr* (adjectif), et *mur* (substantif) ; *sûr* (adjectif), et *sur* (préposition) ; *dû* (de *devoir*), *crû*.

§ II. — DU TRÉMA.

219. — Le *tréma* (¨) consiste en ... l'on met sur une voyelle, afin de ... séparément d'une autre qui la précède ... ment, et avec laquelle, sans le tréma ... rait un seul son, comme *Caïn*, *Moïse* ...

Le tréma sert encore à faire prononcer ... d'un e muet, comme dans *ciguë*, ... si le tréma n'était point employé ... labe serait muette comme dans *figue* ...

Dans tous les cas, le tréma est toujours ... dernière des deux voyelles ...

C'est à regret qu'on voit cet auteur ...
Chez toi cherchant toujours quelque ...
Présenter au lecteur sa pensée *ambiguë* ...

220. — Le tréma ne s'emploie qu'autant que ... tre accent n'est point suffisant pour remplir ... buts, et il remplace lui-même les ... besoin. On dira sans tréma *doué*, *poète* ... les accents aigu et circonflexe ... prononcer séparément *é* et *ê*. ...

§ III. — DU TRAIT D'UNION.

221. — Le trait d'union (-) s'emploie ... mot *même* et le pronom personnel ... *moi-même*, *lui-même*, *vous-mêmes* ...

2° entre deux ou plusieurs noms ... gnent un seul être ou un seul objet ... *Charles-Quint*, *Gustave-Adolphe*, *Saône-et-Loire*, *Pas-de-Calais*, les *États-Unis* ...

3° entre les diverses parties des ... *c'est-à-dire*, *arc-en-ciel*, *casse-...*

4° entre les syllabes *ci*, *là*, et des ... pronoms démonstratifs *celui*, *celle* ... les adverbes auxquels elles sont jointes ... *celui-ci*, *celles-là*, *jusque-là*, *là-dessus* ...

5° entre plusieurs nombres qui se suivent, mais seulement pour marquer l'addition, comme *vingt-un*, *soixante-dix-neuf*.

[illegible] Avant et après cent et mille, on supprime toujours le trait d'union : mil huit cent dix-sept, [illegible] vingt-quatre. [illegible] quatre-vingts, bien que ce [illegible]

[illegible] le pronom personnel qui le suit, pourvu que ce pronom en soit le sujet ou le [illegible]

[illegible] que pour vous-même. (Fén.)

[illegible] heureux ? (Id.)

[illegible] (1) Lorsque le pronom personnel qui suit [illegible] lui-même suivi d'un infinitif, il faut [illegible] si ce pronom est complément de [illegible] ou du verbe précédent. Dans ce dernier [illegible] le trait d'union, et non dans le pre- [illegible]

[illegible] de notre pensée, et laisse-nous [illegible] peu de temps la violence de notre dou- [illegible] de notre joie. (Bossuet.)

[illegible] allez vous perdre et me venger. (Rac.)

[illegible] faites-le en souffrant patiemment. (*Leçons de la Sagesse.*)

[illegible] ne pouvez *les punir* de leurs fautes ; si Dieu ne [illegible] a fait un devoir. *Laissez-le faire* ; il est l'arbitre [illegible] de ses créatures. (Id.)

[illegible] La même règle s'observe avec les adverbes [illegible]

Allez sur ces corps malheureux dévoués à l'étang de [illegible] et de feu dont la fumée monte jusqu'aux siècles des siècles, allez *recueillir* jusqu'aux dernières étincelles [illegible] impure dont votre cœur cherche à s'embra- [illegible] (Fén.)

[illegible] plus sur *recueillir* que sur *allez* ; allez [illegible]

[illegible] d'olive et de chêne,
Viens y présider à nos jeux. (M. J. Chénier.)

224. — Remarques. 1° Le pronom *en* qui suit l'impératif est toujours précédé du trait d'union, pourvu qu'il fasse partie du complément de l'*impératif*. On dira donc : Cueilles-en les prémices, et : viens [illegible]

---

(1) Il est nécessaire que les enfants aient déjà quelques notions d'analyse pour comprendre la fin de ce chapitre.

en chercher les prémices, — *en* faisant partie du complément de l'infinitif.

Allez donc, et faites-*en* l'essai. (De Peyronnet.)

2° *Y*, bien que dépendant d'un infinitif, est précédé également du trait d'union après l'impératif *va*, lorsque cet infinitif n'a aucune autre espèce de complément; on dit donc : *vas-y* voir.

Mais on écrirait *va*, si l'infinitif avait un complément direct. On dirait par exemple : Retourne à tes livres, va y puiser les connaissances qui te manquent.

225. — Le trait d'union peut s'employer aussi entre *très* et l'adjectif ou l'adverbe qu'il modifie. Ex. :

L'histoire de ce siècle est *très confuse*. (Gou.)
Strabon l'assure *très-précisément*. (Id.)

§ IV. — DE L'APOSTROPHE.

226. — L'apostrophe (*détour*) est ce signe (') qui tient la place d'une voyelle *détournée*, retranchée.

227. — *A* se remplace par l'apostrophe dans l'article *la* devant une voyelle ou une *h* muette : l'âme, l'histoire.

228. — *E* se remplace par l'apostrophe, 1° dans les monosyllabes *je*, *me*, *te*, *se*, *le*, *de*, *ne*, *que*, devant une voyelle ou une *h* muette : *J'*ai à *t'*annoncer *qu'*après-demain on *l'*apportera *l'*autre objet qui *n'*est pas terminé.

Remarque. — *La* et *le* après un impératif dont ils dépendent ne prennent pas l'apostrophe. Ex : Portez *le* au jardin ; jetez *la* au chien.

2° dans *ce* devant les temps du verbe *être* qui commencent par une voyelle : *c'est*, *c'était*.

3° dans lorsque, puisque, quoique, devant *il*, *elle*, *on*, *en*. *Lorsqu'*il viendra, *quoiqu'*on vienne, *puisqu'*ils l'ont dit.

4° dans *entre* et *presque*, lorsque ces mots font partie d'un mot commençant par une voyelle, comme *entr'aider*, *entr'acte*, *presqu'île*.

5° dans le féminin de l'adjectif *grand* faisant partie de certains mots composés, comme *grand'chambre*, *grand'mère*, *grand'messe*.

229. — *I* se remplace par l'apostrophe dans *si*, seulement devant *il*, *ils* : *s'il vient*, *s'ils viennent*.

§ V. — DE LA CÉDILLE.

230. — La cédille est un signe qui se place sous la lettre *c* pour en modifier le son devant les voyelles *a*, *o*, *u*. Le *c* affecté de la cédille a toujours le son de *ss*, au lieu du son de la lettre *k* qu'il a naturellement devant ces voyelles. Ex. : *soupçon*, *Alençon*, *façon*, *enfonça*, *aperçu*, *reçu*, *ça*, abréviation de *cela*.

§ VI. — DU TIRET.

231. — Le *tiret* est une ligne que l'on met après les paroles de quelqu'un pour avertir que les paroles qui suivent sont celles d'un autre interlocuteur. Ex. :

Une grenouille vit un bœuf
Qui lui sembla de belle taille,
Elle qui n'était pas grosse en tout comme un œuf,
Envieuse, s'étend et s'enfle et se travaille
Pour égaler l'animal en grosseur,
Disant : Regardez bien, ma sœur;
Est-ce assez, dites-moi ; n'y suis-je point encore ? —
Nenni. — M'y voici donc ? — Point du tout. — M'y voilà ? —
Vous n'en approchez point. — La chétive pécore
S'enfla si bien qu'elle creva. (LAF.)

§ VII. — DE LA PARENTHÈSE.

232. — La *parenthèse* (qui renferme) est formée de deux crochets ou demi-circonférences, dans lesquels on enferme quelques mots qui interrompent *sans nécessité* la proposition régulière, mais qui néanmoins servent d'explication, de développement. Exemple :

Mais un fripon d'enfant (*cet âge est sans pitié*)
Prit sa fronde, et du coup tua plus d'à moitié
La volatile malheureuse. (LAF.)

SYNTAXE.

CHAPITRE Ier.

§ I. — De la proposition.

233. — *Syntaxe* signifie arrangement, assemblage; on appelle ainsi la partie de la grammaire qui traite de l'emploi des mots et de la construction des phrases.

234. — La proposition (expression de la pensée) est nécessairement composée de trois parties essentielles : *le sujet*, *le verbe* et *l'attribut*.

Le sujet (soumis) est le mot qui représente l'idée de l'être *soumis* au travail de l'intelligence, de l'être *sur* lequel on prononce un jugement.

L'attribut est le terme qui exprime la manière dont le sujet existe, ce qu'il est.

Le verbe est le signe qui marque le rapport existant entre le sujet et la manière d'être. Ce rapport, et par conséquent l'idée du verbe, est invariable, de même que le signe d'égalité entre deux nombres. Voilà pourquoi on l'appelle *verbe* (parole). C'est un symbole qui ne peut varier que dans sa forme. En effet, que nous disions : *Le ciel est l'ouvrage de Dieu*; ou : *Les cieux sont l'ouvrage de Dieu*; *est* et *sont*, voilà deux formes différentes, mais l'idée est identique.

235. — Nous avons vu, au chapitre du verbe, que l'attribut est quelquefois réuni au verbe; mais nous devons ajouter qu'il est toujours séparable : *L'homme pense*, c'est-à-dire, *l'homme est pensant*.

236. — Quand nous disons : *Le soleil brille ; la terre tourne ; l'homme est mortel; Dieu est éternel*; voilà autant de pensées présentées sous leur forme simple, c'est-à-dire exprimées à l'aide de trois parties

seulement : le sujet, le verbe et l'attribut. Mais une ou chacune de ces parties constitutives de la proposition peut être complétée, et alors la proposition est composée de plus de trois mots. Cependant, quel que soit le nombre des mots qui composent la proposition, ils équivalent en réalité aux trois parties essentielles : le sujet, le verbe et l'attribut. Dans cette phrase : *Le livre de mon frère est perdu*, ces mots *le livre de mon frère* ne sont pas destinés à faire naître en mon esprit plusieurs idées : il s'agit d'un objet unique, d'un livre, et ces mots *de mon frère* ne sont ajoutés ici que pour mieux faire connaître ce livre, pour le déterminer.

De même pour l'attribut : *Le monde est l'ouvrage de Dieu.* Ces mots *l'ouvrage de Dieu* ne me montrent qu'une manière d'être, et ne sont destinés à réveiller en moi qu'une seule idée, idée qui est déterminée par les mots *de Dieu*, sans lesquels elle serait incomplète.

237. — Ces sortes de propositions sont dites *complexes* (qui a un complément). Celles où le sujet et l'attribut sont énoncés sans complément, sont dites *incomplexes.*

De là, selon que le sujet ou l'attribut aura un complément ou non, on dira que le sujet ou l'attribut est *complexe* ou *incomplexe.*

238. — Quelquefois plusieurs sujets ont le même attribut, comme : *Le ciel est l'ouvrage de Dieu ; la terre est l'ouvrage de Dieu.* Je puis dire en réduisant les deux propositions en une seule : *Le ciel et la terre sont l'ouvrage de Dieu* ; attendu que l'attribut est le même pour les deux sujets, et que le verbe exprime, quelle qu'en soit la forme, une idée invariable.

239. — Un sujet peut aussi être considéré sous plusieurs points de vue, et conséquemment donner lieu à plusieurs propositions : *Dieu est juste, Dieu est bon.* Je puis dire, en réduisant les deux propositions en une seule : *Dieu est juste et bon* ; attendu

que le sujet est le même, et que le verbe exprime toujours la même idée.

240. — Enfin, plusieurs sujets peuvent avoir plusieurs attributs qui leur soient communs; et, au lieu de plusieurs propositions, on peut n'en faire qu'une encore : *Le riche et le pauvre sont chers à Dieu et égaux devant lui.* Remarquons en passant combien ces réductions sont utiles pour la rapidité de l'expression. La proposition précédente est mise pour ces quatre propositions : *Le riche est cher à Dieu ; le pauvre est cher à Dieu ; le riche est égal au pauvre devant Dieu ; le pauvre est égal au riche devant Dieu.*

241. — Les propositions dans lesquelles plusieurs sujets ou plusieurs attributs se trouvent réunis, sont dites propositions *composées*, puisqu'elles sont la réunion de plusieurs propositions en une seule; celles où il n'y a qu'un sujet et un attribut sont dites propositions *simples*.

De là, selon que le sujet exprime une seule ou plusieurs idées, il sera dit simple ou composé; et, selon que l'attribut exprime une ou plusieurs manières d'être, il sera dit aussi simple ou composé.

242. — Résumé. — Sujet et attribut :
Incomplexes (sans complém.)
Complexes (avec complément.)
Simples (s'il n'y en a qu'un.)
Composés (s'il y en a plusieurs.)

243. — Remarque. — Ne confondez pas *complexe* (qui a un complément) avec *complétif* (qui complète). Dans cette phrase : *Je crois que Dieu est juste*; *je crois* est une proposition complexe, étant complétée par la suivante, *que Dieu est juste*, laquelle est une proposition complétive.

244. — De ce que plusieurs propositions peuvent être réunies en une seule, sans que le verbe lui-même soit composé ; de ce qu'il exprime le rapport de convenance entre le sujet et l'attribut ; il

suit que ce rapport, qui constitue la pensée, sera toujours le signe de l'expression d'une pensée. Donc autant de verbes il y aura dans une phrase, autant il y aura de propositions.

245. — REMARQUE. — L'infinitif équivalant à une expression substantive, est toujours, comme le substantif, sujet, complément, ou attribut, et par conséquent ne peut former une proposition, comme si le verbe était à un mode personnel.

§ II. — De l'analyse.

246. — Pour s'assurer qu'une phrase, une proposition est construite selon les règles de la grammaire; qu'il n'y a pas de mots surabondants; que toutes les parties nécessaires s'y trouvent; qu'enfin elle est bien l'expression de la pensée, l'unique moyen est de la décomposer, de même qu'il faut décomposer une montre pour en connaître toutes les parties. Cette décomposition, que l'on nomme *analyse*, peut se faire de trois manières, selon le point de vue que l'on se propose.

247. — On peut, dans une phrase, considérer les mots isolément pour les rapporter à la partie du discours à laquelle ils appartiennent, c'est-à-dire en indiquer le nombre, mais en déterminant leur fonction dans la phrase. C'est ce qu'on appelle *analyse grammaticale*.

248. — On peut décomposer la phrase en propositions, et chaque proposition en ses trois parties constitutives, *sujet*, *verbe* et *attribut*, en indiquant si ces parties sont *simples* ou *composées*, *complexes* ou *incomplexes*. C'est *l'analyse logique*.

249. — On peut enfin examiner dans une phrase ou mieux dans un discours quelconque, la signification des mots, la justesse des expressions, la concordance de l'expression à la pensée, la régularité des tournures et des constructions. C'est *l'analyse littéraire* ou *la critique*.

Ces trois espèces d'analyse se complètent l'une l'autre, et ce n'est pas trop de s'exercer dans chacune d'elles, si l'on tient à juger sûrement de la correction et de la pureté du style.

1° DE L'ANALYSE GRAMMATICALE.

250.— Quand on connaît les dix parties du discours, que l'on sait ce que c'est que le sujet et le complément, on a toutes les données nécessaires pour faire une analyse grammaticale. Cependant, pour plus de facilité, il faut se rappeler toujours :

1° que tout infinitif est *sujet*, *complément* ou *attribut*, comme le substantif ;

2° que tout substantif, pronom ou infinitif, précédé d'une préposition, est *complément indirect* ;

3° que tout participe est *modificatif*, comme l'adjectif, excepté le participe présent précédé de *en*, qui remplit la fonction de substantif, et est *complément indirect* ou *circonstanciel* ;

4° que tout pronom conjonctif appartient à *ce qui suit* comme *sujet*, *complément* ou *attribut* ;

5° que le conjonctif *qui*, non précédé d'une préposition, est ordinairement *sujet* ;

6° que le pronom conjonctif *que* est ordinairement complément direct ;

7° que tout conjonctif est le premier mot d'une proposition, et que les mots d'une proposition ne peuvent dépendre de ceux d'une autre ;

8° que le mot auquel se rapporte grammaticalement un autre mot de la phrase, peut n'être pas exprimé ; il faut alors le rétablir et analyser comme s'il était réellement dans la phrase.

2° DE L'ANALYSE LOGIQUE.

251.—L'analyse logique consiste, avons-nous dit, à décomposer la phrase en propositions, et chaque proposition en ses trois parties essentielles.

On doit indiquer en outre si le sujet et l'attribut sont *simples* ou *composés*, *complexes* ou *incomplexes*.

Enfin, on exige encore un autre travail, c'est de déterminer la nature de chaque proposition, et les rapports qu'elles ont les unes avec les autres.

252. — Il y a toujours dans une phrase une proposition *primordiale* ou *principale*, que toutes les autres de la même phrase servent à développer, à compléter ; et, parmi celles-ci, les unes sont unies à la *primordiale* par des *conjonctions*, et sont dites *coordonnées* à la *primordiale*. Ex. : Dieu est juste *et* il récompensera les bons.

253. — Les autres, au contraire, sont plus dépendantes de la proposition qu'elles complètent; elles y sont *subordonnées* au moyen d'un *conjonctif*. Ex. : Je crois fermement *que* Dieu est juste.

254. — Deux propositions *subordonnées* peuvent être *coordonnées* entre elles : cela arrive quand elles sont unies par une *conjonction*, et qu'elles complètent la même partie de phrase par *le même conjonctif*. Ex. : Je crois *que* Dieu est juste *et qu*'il récompensera les bons. Dans cette phrase, on voit que les deux *subordonnées* à la primordiale *je crois*, sont *coordonnées* entre elles par la conjonction *et*.

255. — Toute *subordonnée* commence par un *conjonctif*, puisqu'elle doit être liée à une autre dont elle dépend ; et réciproquement tout *conjonctif* est le signe d'une *subordonnée*.

256. — Toute *coordonnée* à la primordiale est précédée ou non d'une *conjonction*, mais elle ne peut commencer par un *conjonctif*.

257. — Une *subordonnée* peut avoir sous elle une autre *subordonnée*. Ex. : Je crois *que* cet enfant ne réussira pas, quoiqu'il travaille beaucoup.

Dans cette phrase, nous avons trois propositions, dont la deuxième est *subordonnée* à la *primordiale* (je crois), et dont la troisième (quoiqu'il travaille beaucoup) est *subordonnée* à la deuxième. Ces deux *subordonnées* ne peuvent être coordonnées, puisque, dépendant l'une de l'autre, elles ne peuvent compléter le même mot.

258.—Dans ces propositions : *Dieu est juste*, *Dieu récompensera* les bons, les trois parties constitutives de la proposition sont exprimées. Ce sont des propositions *pleines*.

259.—Si je dis : *venez* ; — *soyez en repos*, je ne vois pas de *sujet* dans la première proposition *venez*, non plus que dans la deuxième ; ce sujet est *vous* sous-entendu. De plus, dans la deuxième, *en repos* ne peut servir d'attribut, puisqu'il est précédé de la préposition *en*. L'attribut est donc supprimé. En effet, c'est comme s'il y avait : *Vous tenez-vous en repos* ; ou, en décomposant le verbe attributif : *Vous soyez vous tenant en repos.*

Le propositions où l'une ou plusieurs des trois parties constitutives sont omises, sont des propositions *elliptiques*.

260. — Si nous disons : *Hélas ! qu'ont-ils fait ?* — *Hélas !* équivaut à une proposition qui est : *je suis désespéré*, ou toute autre équivalente. C'est ce qu'on appelle proposition *implicite* (pliée sur elle même). En effet, le mot qui l'exprime doit être comme *déplié*, ouvert, pour qu'on retrouve les trois parties essentielles de la proposition.

261.—Il ne faut pas confondre la proposition *elliptique* avec la proposition *implicite*, l'une et l'autre pouvant être énoncées par un seul mot. Il y a cette différence, que, dans la proposition *elliptique*, le mot qui l'énonce demeure comme verbe, sujet, attribut ou complément, lorsque l'on complète la proposition. Ex. : *Qui a fait cela ?* — *Mon frère ;* c'est-à-dire, *mon frère a fait cela* ; ou, *c'est mon frère.*

Dans la proposition *implicite*, au contraire, le mot qui l'énonce disparaît pour être remplacé par d'autres. Ex. : *Ah ! je n'ai plus de force* ; c'est-à-dire, *je suis triste* ou *je suis abattu*, je n'ai plus de force. *Viendrez-vous ?* — *Oui ;* c'est-à-dire, *je viendrai.*

262. — Nous avons dit que le conjonctif est tou-

jamais le signe d'une *subordonnée*. Donc, il y a dans une phrase *au moins autant de propositions plus une* qu'il y a de *conjonctifs*, puisqu'il faut toujours une *primordiale*.

Nous disons *au moins*, parce que nous avons vu que la *primordiale* peut avoir une ou plusieurs *coordonnées*.

263. — Pour trouver la *principale*, il faut se rappeler que les mots d'une proposition ne peuvent jamais se confondre avec ceux d'une autre. Il suffit donc de retrancher les *subordonnées*, qui sont très-faciles à reconnaître, puisqu'elles commencent toujours par un *conjonctif*. Ce qui reste formera *la* ou *les* principales. Ex. :

> Celui qui met un frein à la fureur des flots,
> Sait aussi des méchants arrêter les complots.

Je retranche d'abord la *subordonnée*, *qui met un frein à la fureur des flots*; et il me reste pour *principale* : *celui... sait aussi des méchants arrêter les complots*.

CHAPITRE II.

SYNTAXE DU SUBSTANTIF.

---

§ I. — Du genre.

Bien que les substantifs n'aient ordinairement qu'un genre, il en est qui sont tour-à-tour du masculin et du féminin, selon la signification dans laquelle ils sont employés. Nous ne citerons que les principaux.

264. — *Aigle* est masculin : 1° quand il désigne l'oiseau en général, sans aucune distinction du mâle et de la femelle. Ex. :

Crier comme un aigle. (Boiste.)

2° Quand il désigne un homme d'un mérite transcendant. Ex. :

Il est permis de n'être pas *un* aigle, mais il faut avoir du bon sens. (BOISTE.)

3° Quand il désigne une espèce de papier. Ex. :

Papier *grand-aigle*, papier *petit-aigle*.

4° Quand il désigne une constellation.

265.— Il est féminin, 1° dans le sens d'enseigne et comme terme de blason : *Les aigles romaines.*

2° Quand il signifie un pupitre d'église.

3° Quand il désigne un poisson, qui est une espèce de raie. Ex. :

Il n'est pas étonnant que dès le siècle d'Aristote, une espèce de raie ait reçu le nom d'aigle *marine* que nous lui avons conservé. (LACÉPÈDE)

4° Quand il désigne spécialement l'oiseau femelle. Ex. :

Quand l'aigle sut l'inadvertance,
Elle menaça Jupiter
D'abandonner sa cour, d'aller vivre au désert. (LAF.)

266. — *Amour*, généralement masculin, devient féminin quand il signifie l'attachement d'un sexe pour l'autre, mais seulement au pluriel. Ex. :

Folles amours, *longues* amours.
L'amour *le* plus tendre a souvent du caprice. (CAMP.)

267. — *Automne* est masculin ; mais on peut l'employer au féminin en poésie. Ex. :

L'automne *joyeux*. (DELEUZE.)
Plus pâle que *la* pâle automne,
Tu t'inclines vers le tombeau. [MILLEVOYE.]

268.— *Couple* est féminin pour désigner deux objets pris indistinctement, sans aucune idée d'union, de symétrie. Ex. :

Une couple de pigeons ne sont pas suffisants pour le dîner de six personnes. (GUIZOT.)

Il est masculin, 1° s'il désigne deux objets faits pour être unis, pour former ensemble une espèce de symétrie. Ex. :

Voilà *un beau* couple de candélabres.

2° S'il désigne l'époux et l'épouse, le mâle et la femelle, deux amants, deux êtres agissant de concert. Ex. :

[illegible] couple *ingrat!* couple *affreux!* (Vol.)
[illegible] couple d'amis. (Lafontaine.)

[illegible] est masculin au singulier et féminin [illegible]. Ex.

[illegible] délice que de faire du bien! (Boiste.)
[illegible] est entourée de *trompeuses* délices. (Id.)

[illegible] — *Enfant* est masculin quand il désigne un [illegible]çon, et féminin quand il désigne une fille. Ex. :

[illegible] enfant; c'est *une bonne* enfant. (Boiste.)

[illegible], employé au propre, est féminin. [illegible]

[illegible] d'un bras victorieux,
[illegible] en tombant lui fit ouvrir les yeux. (Rac.)

[illegible] devient masculin, 1° pour désigner [illegible]. Ex. :

[illegible] valeur d'Alexandre à peine était connue;
[illegible] était encore *enfermé* dans la nue. (Racine.)

[illegible] Quand il signifie un grand tonneau. Ex. : *un* [illegible]

[illegible] Employé dans le style noble pour la représ[illegible] *de la foudre*, il est masculin ou féminin. [illegible] :

La foudre est dans ses yeux, la mort est dans ses mains. (Voltaire.)

[illegible] fouler aux pieds *ce foudre* ridicule,
[illegible] arme un bois pourri ce peuple trop crédule. (Cor.)

[illegible] — *Gens* veut au féminin les correspondants qui le précèdent *immédiatement*, et au masculin tous les autres. Ex. :

De *telles* gens il est beaucoup
Qui prendraient Vaugirard pour Rome. (Lafont.)

[illegible] sont les gens qui ne veulent pas souffrir [illegible] d'être *instruits* en cette doctrine! (Pascal.)

[illegible] les honnêtes gens partagent votre peine. (Duclos.)

Mais si plusieurs correspondants précèdent le mot *gens*, et que le dernier soit au féminin, d'après la règle précédente, les autres se mettent aussi au féminin pour l'euphonie; pourvu toutefois qu'ils ne soient séparés que par l'article ou un adjectif déterminatif. Ex. :

[illegible] homme sensible, en voyage, est tenté de s'arrêter chez [illegible] *premières bonnes gens* qu'il trouve. (Boiste.)

Gens, suivi d'un complément déterminatif indiquant un état spécialement exercé par les hommes, est toujours masculin. Ex. :

Les *vrais* gens de lettres et les vrais philosophes ont beaucoup plus mérité du genre humain que les Orphée, les Hercule et les Thésée. (VOLTAIRE.)

275. — *Hymne* est féminin seulement quand il désigne un chant d'église ; dans tout autre cas, il est masculin. Ex. :

Un dimanche de l'Avent, j'entendis de mon lit chanter *cette* hymne avant le jour. (J.-J. ROUSSEAU.)

Le réveil de la terre est *un hymne* d'amour. (C. DELAV.)

276. — *Mode* est féminin quand il désigne l'usage dans les mœurs, les manières, les vêtements, et il est masculin dans toute autre acception. Ex. :

La mode règle tout, souvent même *le mode* de gouvernement. (BOISTE.)

277. — *Orge* n'est masculin que dans *orge perlé*, *orge mondé* ; partout ailleurs, ce mot est féminin. Exemple :

L'orge *mondé* sert aux bouillies que l'on apprête de différentes manières. (L'abbé ROZIER.)

On doit toujours couper l'orge quand *elle* est bien *mûre*. (*Idem.*)

278. — *Orgue*, masculin au singulier, est féminin au pluriel. Ex. :

L'orgue est *composé* d'un buffet de menuiserie plus ou moins enrichi de sculptures. (ENCYCLOPÉDIE.)

Des orgues *portatives*. (ACADÉMIE.)

On dit *un* des orgues et non *une* des orgues. Exemple :

L'orgue de Saint-Marc, à Venise, est *un* des plus *beaux* orgues de toute l'Italie. (BESCHERELLE.)

Il en est de même du mot *délice*.

279. — *Quelque chose* est masculin quand il signifie *une chose*. Ex. :

L'agrément est arbitraire : la beauté est *quelque chose de plus réel* et de plus *indépendant* du goût et de l'opinion. (LABRUYÈRE.)

Quelque chose est toujours féminin quand il signifie *quelle que soit la chose*. Ex. :

Quelque chose que je lui ai *dite*, il n'en a jamais témoigné d'aversion pour moi. (LAPORTE.)

[illegible] est féminin. Ex. :

[illegible] au char de la renommée, c'est le [illegible] bruit d'une trompette. (LAMETTRIE.)

[illegible] se dit de l'homme qui la sonne, il est [illegible]

[illegible] sonna la charge,
[illegible] trompette et le héros. (LAFONTAINE.)

[illegible] II. — Du nombre.

[illegible] pluriel des substantifs aient les deux [illegible] cependant qui ne sont pas af[illegible] caracteristique du pluriel s'ils [illegible] d'un déterminatif du pluriel.

[illegible] propre, employé pour désigner [illegible] qui le porte ou l'a porté, ne prend [illegible] du pluriel. Ex. :

[illegible] intéressant à nos drapeaux, se montre le [illegible] comme au temps des *Moïse* et des [illegible] (DE MARCHANGY.)

[illegible] nom propre qui ne désigne pas celui [illegible] porté, mais qui désigne d'autres [illegible] devient substantif commun [illegible] du pluriel. Ex. :

[illegible] *Mécènes*, nous ne manquerons pas de [illegible] (Le chev. DE LANGEAC.)

[illegible] noms propres désignant une dynastie, [illegible] d'hommes illustres dans la même famille, [illegible] à cette règle et conséquemment sont [illegible] Ex. :

[illegible] blanc a été vu même en Egypte sous les *Ptolé*[illegible] (CUVIER.)

[illegible] Parmi les substantifs empruntés des langues [illegible] ceux dont on fait un fréquent usage [illegible] dans notre langue et conséquemment [illegible] prendre la marque du pluriel. Ex. :

[illegible] que les *cadis*, les *beys*, les *pachas* eussent [illegible] à l'arbitraire? (H. BERTON.)

[illegible] Quant à ceux qui sont rarement employés, [illegible] dont le sens s'oppose à la pluralité, on peut les [illegible] en caractères italiques, sans la marque du [illegible] Ex. :

[illegible] liberté anglaise n'a que ces deux *palladium*, liberté [illegible] presse et jugement par jury. (Me DUPIN.)

286. — Les mots invariables de leur nature, comme *verbes*, *adverbes*, *prépositions*, *interjections*, rejettent évidemment la marque du pluriel. Il faut y joindre les nombres cardinaux. Ex. :

O mon fils, si tu prétends interroger sur tous les points l'Etre infini qui t'a créé, je l'avoue, les *pourquoi* ne finiront jamais. (L'abbé GÉRARD.)

L'autorité royale n'avait pas d'ennemis plus dangereux que ces bourgeois de Paris nommés les *seize*. (VOLTAIRE.)

On dit cependant *les derrières* de l'armée, prendre *les devants*.

287. — NOTA. Quelques infinitifs sont devenus de vrais substantifs, et ils en suivent la règle : les *soupers*, les *dîners*, les *pouvoirs*. Ex. :

Nous demandons des *sourires* au berceau et des pleurs à la tombe. (CHATEAUBRIAND.)

§ III. — Nombre dans les substantifs composés.

288. — Parmi les substantifs composés, il en est qui peuvent varier dans toutes leurs parties, d'autres qui varient dans une ou dans plusieurs parties, d'autres enfin qui ne varient dans aucune partie. C'est le sens de chaque mot qu'il faut consulter et qu'il faut suivre.

289. — 1° Substantifs composés où toutes les parties peuvent varier.

Si les mots composants sont exclusivement des substantifs ou des adjectifs, tous varient, à moins que le sens ne s'y oppose. Ex. :

Tous les *amours-propres* sont ligués contre vous. (DE JOUY.)

On eût dit une volée de *chauves-souris* immenses. (LAMARTINE.)

Ils ont donné leurs *blancs-seings*. (ACADÉMIE.)

Jusque-là, les *oiseaux-mouches* seuls avaient voltigé devant nous. (DE LATTRE.)

Mais on dira, parce que le sens ou la prononciation s'oppose à la variabilité : Des *terre-pleins* (des lieux pleins de *terre*); des chevau-légers (des soldats du régiment des chevau-légers), par distinction des animaux mêmes, les *chevaux* légers; des *grand'mères*, des *grand'messes*, etc.

... qui varient du ...

... renferment un mot ... comme verbe, préposit... les adjectifs seuls prennent ... pourvu que le sens ne s'y ...

... à contre-jour ne sont que ... (BOISTE.)

... des maîtres-d'hôtel. (DE JOUY.)

... les révolutions et les contre-révolu... (BOISTE.)

... avec le singulier à cause du sens ...

... cepté leurs lettres, et trouvé moyen d'être ... tiers dans leurs tête-à-tête. (DE WEISS.)

... (BOISTE.)

... REMARQUE. Certains mots composés con... qui sont verbes ou substantifs ; ... comme garde-côte, garde-fou, où le ... être substantif ou verbe. Dans toutes ... ou entre ce mot, il est substantif ... il est dit d'un homme ; il est verbe et ... il est dit des choses. On écrira donc : ... chasse, des hommes qui gardent la ... garde-fous, des barrières qui gardent, ... ussent les fous ; des gardes-fous, des ... qui gardent des fous.

... sépulcre, autrefois placés de chaque côté ... on a substitué deux statues de grandeur na... (Magasin pittoresque.)

... REMARQUE. Quant aux substantifs com... la décomposition amène également le sin... pluriel, l'usage le plus général est d'em... singulier si l'expression est précédée d'un ... singulier ; et le pluriel, s'il y a un de... pluriel : un porte-feuille, des porte-feuilles ; ... casse-noisette, des casse-noisettes ; ces mots ... dans la règle générale. Ex. :

... les porte-manteaux sont placées des robes sans ... (J. JANIN.)

... lui les vieux porte-bannières et le jeunes aco... (A. MONTÉMONT.)

292.— 3° Substantifs composés dont aucune partie ne varie.

Quand, dans les mots composés, il n'y a ni substantif, ni adjectif, aucune partie ne prend la marque du pluriel. Ex. :

Sur tout le reste, nous n'avons que des *peut-être*.
(De Weiss.)

293.— Remarque. — Pour l'orthographe des substantifs composés formés de mots étrangers, il faut se guider sur la règle donnée aux numéros 284 et 285. Ex. :

Des *Te Deum* furent chantés à Vienne et à Paris.
(Voltaire.)

§ V. — Complément des substantifs.

294.— Le complément du substantif est ordinairement marqué par la préposition *de*. Ne dites donc pas : le fils *à* mon frère ; mais, le fils *de* mon frère.

295.— Il y a cependant quelques exceptions, mais ce ne sont que des ellipses ou des abréviations; comme : *son penchant à l'étude* ; pour *le penchant qui le porte à l'étude ; son attachement à la religion*, pour *l'attachement qui le porte* ou *le lien qui l'attache à la religion*.

Remarquons que cela n'a lieu généralement qu'avec des substantifs dérivés de verbes ou d'adjectifs, dont ils retiennent le complément indirect. En effet, on dit : *pencher à*, *attacher à*. C'est l'adjectif possessif *son*, *sa*, *ses*, *leur*, qui tient la place du verbe dont l'idée est dans l'expression : ainsi, *son* goût pour le travail, signifie le goût *qu'il a* pour le travail.

CHAPITRE III.

SYNTAXE DE L'ARTICLE.

296. — L'article s'emploie devant les substantifs

pris dans un sens déterminé, à moins que la clarté, le besoin de la phrase n'exige un adjectif détermi-natif. Ex. :

Les forces de *l'*Egypte et de *l'*Orient, qu'Antoine menait avec lui, sont dissipées : tous *ses* amis l'abandonnent et même *sa* Cléopâtre pour laquelle il s'était perdu.
(Bossuet.)

297. — Le déterminatif, quel qu'il soit, doit se répéter devant chaque substantif pris dans un sens déterminé. Ex. :

*L'*histoire est, dit Cicéron, *le* témoin *des* temps, *la* lumière de *la* vérité, *la* vie de *la* mémoire, *l'*école de *la* vie, *la* messagère de *l'*antiquité. (Rendu.)

298. — Si deux adjectifs unis par une conjonction qualifient deux idées différentes, bien que représentées par le même mot exprimé une seule fois, le déterminatif se doit répéter devant chaque adjectif, puisque chacun d'eux modifie un substantif, une idée différente. Ex. :

La charité, le sentiment de l'humanité, ne distingue point entre *leurs* bonnes ou *leurs* mauvaises qualités.
(*Leçons de la Sagesse.*)

299. — Mais si les deux adjectifs modifient le même substantif, c'est-à-dire n'ont entre eux aucune idée incompatible, le déterminatif ne se met qu'une fois, puisqu'il n'y a qu'une idée à déterminer. Ex. :

La douce et tendre sensibilité serait peinte dans ses regards. (De Beausset.)

300. — Quand on supprime la conjonction, cette suppression divise en quelque sorte l'être ou l'objet en deux ou plusieurs êtres, en deux ou plusieurs objets, existants à la vérité dans le même individu, mais considérés séparément : alors on répète le déterminatif. Ex. :

Le bon, le simple, le naïf La Fontaine.

Il semble en effet qu'on distingue trois caractères différents dans le même homme.

301. — De ce que l'article s'emploie devant les substantifs déterminés, on peut conclure qu'il n'est pas employé devant les substantifs indéterminés.

On dira donc : c'est un homme *de science* ; la roue *de fortune* tourne pour tout le monde ; je ne bois pas *de vin* ; parce que les mots *science*, *fortune*, *vin* sont pris dans un sens vague et indéterminé.

302. — On n'emploie pas l'article devant le complément direct partitif d'un verbe accompagné d'une négation, ni devant le sujet réel d'un verbe impersonnel négatif. Ex. :

Je ne fais point *de pas* qui ne tende à l'empire. (RAC.)
Il ne fit jamais *de conquêtes* éclatantes. (VOLTAIRE.)
L'homme seul a dit : il n'y a point *de Dieu*. (CHAT.)

303. — On emploie sans article le complément d'un collectif partitif et d'un adverbe de quantité. Ex. :

Il faudrait réunir trop *de divers talents* et *de diverses connaissances* dont je suis fort éloigné. (LA HARPE.)
Nous avons, il est vrai, *une multitude de livres* didactiques ou *de recueils* bibliographiques. (Idem.)

304. — Dans ces deux cas, remarquez qu'on emploiera l'article, si le substantif est déterminé par un complément quelconque. Ex. :

En est-on témoin *sans éprouver des mouvements* de tristesse, *des saisissements ?* (*Leçons de la Sagesse*.)
Ne cherchez point enfin *des* personnes en qui tout vous plaise. (Idem.)

305. — *Bien* et *la plupart* ont toujours leur complément précédé de l'article ou d'un autre déterminatif. Ex. :

Bien *des hommes* sont cause de leur malheur.

NOTA. — *Bien* rejette l'article s'il est suivi de *autre*. Exemple :

Si quelqu'un rit de moi, moi je ris de bien *d'autres*. (REGNARD.)

306. — (1.) On emploie sans article tout mot mis en apostrophe. Ex. :

Braves guerriers, mes sentiments vous sont connus. (LEBRUN.)

307. — On *peut* employer sans article tous les mots d'une énumération. Ex. :

Femmes, moines, vieillards, tout était descendu. (LAF.)

---

(1) Pour la syntaxe de l'article, il est nécessaire que l'enfant ait déjà l'intelligence développée ; on pourra d'abord la retrancher sans inconvénient.

308. — On emploie souvent sans article les sujets et les attributs d'une maxime, d'un proverbe. Ex. : *Pauvreté n'est pas vice ; contentement passe richesse ; ceinture dorée ne vaut pas bonne renommée.*

Ces expressions sont plus vagues que si on employait l'article.

309. — On supprime encore l'article devant un substantif qui est donné comme synonyme d'un autre avec ou sans la conjonction *ou*. Ex. :

Les Héraclides ou *descendants* d'Hercule lui succédèrent. (ROLLIN.)

310. — Quand le substantif partitif est précédé d'un adjectif, on supprime encore l'article. Ex. :

Eurotas changea *de vastes* marais en un fleuve qui porte son nom. (EM. LEFRANC.)

311. — REMARQUE. — Si l'adjectif précédant le substantif partitif forme avec lui un substantif composé, une seule expression, on emploiera l'article, puisqu'il n'y a plus véritablement d'adjectif. Ex. :

Des jeunes gens ainsi prévenus, ainsi prémunis, porteront dans le monde des goûts sévères. (LARROQUE.)

312. — Lorsque les adverbes *plus*, *mieux*, *moins* sont précédés de l'article, il y a variabilité, si l'être ou la chose représentée par le substantif auquel se rapporte l'adjectif suivant, est comparée avec toutes les autres choses de la même espèce, c'est-à-dire *si la comparaison sort du sujet* ; au contraire, il y a invariabilité lorsque la comparaison se fait de cet être ou de cette chose avec elle-même dans différentes circonstances de temps, de lieu, de manière, etc., c'est-à-dire lorsque la comparaison ne sort pas du sujet :

De tout temps, la religion fut l'origine des aversions *les* plus déclarées, des inimitiés *les* plus implacables, des guerres *les* plus cruelles. (Leçons de la Sagesse.)

C'était en Lombardie, dans l'église lombarde, que la papauté était *le* moins puissante. (GUIZOT.)

313. — En rapport avec un verbe ou un adverbe, *le plus*, *le mieux*, *le moins* resteront invariables, puisqu'il n'y a que le substantif qui ait la *propriété* du genre et du nombre. Ex. :

MM. Delüc et Dolomieu sont ceux qui ont *le plus* soigneusement examiné la marche des atterrissements. (CUVIER.

CHAPITRE IV.

SYNTAXE DE L'ADJECTIF.

§ I. — Adjectif qualificatif.

314.—Tout qualificatif, soit adjectif, soit participe, doit se rapporter sans équivoque à un mot exprimé dans la phrase. On ne dira donc pas :

> *Ivre* de ses grandeurs et de son opulence,
> L'éclat de sa fortune enfle sa vanité. (J.-B. ROUSSEAU.)

> Et, *voyant* de son bras voler partout l'effroi,
> L'Inde sembla m'ouvrir un champ digne de moi. (RAC.)

> *Redoutée* au dehors, de mon peuple bénie,
> L'Europe avec respect contemple son génie. [ANC.]

Ivre ne se rapporte à aucun mot exprimé, mais à *lui*, renfermé dans *son*, *sa*, *ses*.

Voyant peut se rapporter à *Inde* et à *moi*.

Redoutée semble se rapporter à *Europe*, tandis que Ancelot le fait rapporter à *la reine*, représentée par *son*.

Pour être correct, il faudrait prendre un autre tour et dire, par exemple : Ivre de ses grandeurs... il regarde avec vanité l'éclat de sa fortune.

Comme je voyais de son bras...

Elle est redoutée au dehors, mon peuple la bénit. L'Europe....

315.—L'adjectif s'accorde en genre et en nombre avec le nom ou le pronom qu'il modifie. Ex. :

Ce que je vous conseille n'est point au-dessus des forces *humaines*. (DE SACY.)

Des troupes d'hommes grotesquement *vêtus* d'habits de guerre, apparaissaient çà et là. (A MONTÉMONT)

316.—Si le qualificatif se rapporte à deux ou plusieurs substantifs ou pronoms, il se met au pluriel et au masculin, pourvu que l'un des mots qualifiés soit masculin. Ex. :

... marées une augmentation et une diminution ... des eaux de la mer. (POULAIN DE BOSSAY.)

Les ... étaient de fer, et les jantes et les rayons ... dorés. (QUATREMÈRE DE QUINCY.)

317. — Si un adjectif, n'ayant pas la même prononciation au féminin qu'au masculin, se rapporte à plusieurs substantifs de différents genres, il faut mettre le masculin le dernier. Ex. :

En rendant raison des *locutions* et des *idiotismes particuliers* de la langue latine, j'ai eu soin de n'omettre aucune des règles essentielles. (GUÉROULT.)

Mais si l'adjectif, bien que changeant de terminaison, se prononce de même au féminin qu'au masculin, il est indifférent que l'on mette l'un ou l'autre des substantifs le dernier. Ex. :

Le couple infortuné se prosterne et élève *un cœur et une voix humiliés* vers celui qui pardonne. (CHAT.)

318. — L'adjectif employé adverbialement demeure toujours invariable, attendu que les mots qu'il modifie ne peuvent lui communiquer la variabilité qu'ils n'ont pas par eux-mêmes. Ex. :

Me voilà demeurée *tout court*. (SÉVIGNÉ.)

Il excelle dans cette éloquence qui va *droit* à l'âme. (D'ALEMBERT.)

319. — Dans les adjectifs composés, il faut suivre pour la variabilité le sens de l'expression. Si chaque partie de l'adjectif qualifie à la fois le substantif, chacune d'elle varie; si l'une des parties modifie l'autre, elle demeure invariable, comme se rapportant à un mot invariable de sa nature. Ex. :

Légère et court vêtue, elle allait à grands pas. (LAF.)

C'était comme autant de gros points d'une couleur *jaune-brune* et obscure. (BUFFON.)

320. — NOTA. — 1° Si dans les expressions analogues à cette dernière, *jaune-brune*, le mot *couleur* n'est pas exprimé, ou même n'est pas déterminé, on laisse les deux adjectifs au masculin singulier, comme formant une expression substantive. Ex. :

Elle est *rouge-brun*, légèrement visqueuse. (*Magasin pittoresque.*)

Les yeux *bleu-foncé*.

321.—2° Dans *tout-puissant*, *frais cueilli et frais-éclos*, les parties *tout* et *frais* varient, quoique adverbes, par raison d'euphonie, mais seulement au féminin. Ex. :

Il a fait toutes choses de rien par sa parole *toute puissante* (LHOMOND.)

Des fleurs *fraîches-écloses.*

EXCEPTIONS AUX RÈGLES D'ACCORD DE L'ADJECTIF.

322.—L'adjectif en rapport avec plusieurs substantifs se met, avons-nous dit, au pluriel; mais cet adjectif peut ne modifier qu'un des substantifs qui précèdent, c'est ce à quoi il faut prendre garde. Exemple :

Voici des êtres dont la taille et *l'air sinistre* inspirent la terreur. (BARTHÉLEMY)

Outre cette remarque, il y a encore plusieurs cas à considérer :

323.— 1° Si les deux substantifs sont synonymes, c'est-à-dire destinés à présenter à l'esprit une seule idée, l'adjectif s'accorde avec le plus rapproché. Exemple :

Ils éprouvent *une gène, un embarras très visible.* (NOUGARET)

324.— 2° Si plusieurs substantifs, qualifiés par un adjectif, sont placés par gradation, l'adjectif s'accordera encore avec le plus rapproché par la même raison que précédemment, car il est évident qu'une de ces idées, plus forte que les autres (en plus ou en moins), les rend inutiles. Ex. :

Le ciel, tout l'univers est *plein* de mes aïeux. (RAC.)

325.— 3° Si plusieurs substantifs sont unis par la conjonction *ou*, l'adjectif s'accorde encore avec le plus rapproché, c'est-à-dire avec le dernier, quand la construction est directe, et avec le premier, quand le qualificatif est placé avant par inversion. Exemple :

Pour qu'il s'aventure seulement dans l'intérieur de l'empire musulman, il faut une raison de commerce *ou* une raison de famille *déterminante.* (*Magasin pittor.*)

Quelle que soit d'ailleurs son *origine* ou celle de la nation ou de la tribu dont il fait partie. (WALCKENAER.)

326. — REMARQUE. Si le substantif qui suit *ou*, au lieu de présenter une seconde idée, n'est que l'explication de l'idée exprimée par le premier, l'accord se fait avec le premier. Ex. :

L'étoile polaire fait partie de la *constellation* ou groupe d'étoiles *appelée* petite ourse. (LETRONNE.)

327. — *Ci-joint*, *ci-inclus*, *franc de port*, restent invariables s'ils sont devant un mot indéterminé. Ex. :

Vous trouverez *ci-inclus copie* de ma lettre. (DOMERGUE.)

Ils *peuvent* varier si le substantif est déterminé. Exemple :

Il est porteur d'une lettre dont vous trouverez *ci jointe* la copie. (NAPOLÉON.)

Placés après le substantif, ils varient toujours. Exemple :

Je vous recommande les cinq lettres *ci-incluses*. (B. DE ST-PIERRE.)

Vous recevrez cette lettre *franche de port*.

SYNTAXE PARTICULIÈRE DE CERTAINS ADJECTIFS.

328. — *Demi* ne s'accorde jamais lorsqu'il précède le substantif. Exemple :

Ces bords étaient partagés en deux *demi*-couronnes égales. [GOGUET.]

Placé après le substantif, *demi* varie, mais seulement en genre. Ex. :

Deux heures et *demie*.

Les mots *semi*, *mi* placés pour *demi* au commencement de certains adjectifs, ne varient jamais.

A demi, locution adverbiale.

Les sanglots qu'on n'entend qu'*à demi*. (MASSILLON.)

329. — *Feu*. — Cet adjectif signifie *défunt*, mort. Il ne s'accorde que lorsqu'il précède immédiatement le substantif. Ex. :

Le duc de... doit à la bienveillance dont l'honorait *la feue* reine les bonnes grâces de l'Empereur. (SALVANDY.)

Mais on dira sans accord :

J'ai ouï dire à *feu* ma sœur que sa fille et moi naquîmes la même année. (MONT.)

parce que *feu* ne précède pas immédiatement le substantif.

330. — *Nu*, placé après le substantif, s'accorde comme tous les autres adjectifs. Ex. :

L'intrigue est riche, aux vertus toutes nues
Elle refuse un habit et du pain. (F.-J. SIRVEN.)

Placé avant, il ne s'accorde que si le substantif avec lequel il est en rapport est déterminé. Ex. :

Elles marchent *nu-pieds* dans leur habitation. (B. DE ST-PIERRE.)

Le donataire s'est conservé *la nue* propriété de ses biens. (BESCH.)

331. — *A nu*, expression adverbiale. Ex. :

Il y a des portions considérables de terrains primitifs *à nu*. (CUVIER.)

332. — *Possible* s'accorde comme tout adjectif, à moins qu'il ne soit précédé de *le plus*, *le mieux*, *le moins*. Ex. :

Faites tous les efforts *possibles*.
La méthode et le style de Kant sont-ils *les plus clairs possible* ? (TISSOT.)

333. — *Témoin et sauf*, placés immédiatement avant le substantif auquel ils se rapportent, ne varient pas. Ex. :

Si les images du peintre paraissent un peu libres, la pudeur et la grâce de l'expression en corrigent la hardiesse, *témoin* le comte de Théane et Marcellin et quelques autres pièces. (P.-F. TISSOT.)

A témoin, locution adverbiale, ne varie jamais. Ex. :

Je vous prends *à témoin*, vous tous qui avez élevé mon enfance. [B. DE ST-PIERRE.]

334. — L'adjectif qui suit l'expression *avoir l'air*, peut être mis en rapport avec le substantif *air*, ou avec le sujet du verbe, selon le point de vue que l'on envisage. Ex. :

La vertu toute nue a *l'air* trop indigent. (BOURS.)
Cette proposition n'a pas l'air sérieuse. (VOLT.)

§ II. — Adjectifs déterminatifs.

1° ADJECTIFS NUMÉRAUX.

335. — Les adjectifs numéraux cardinaux sont invariables. Ex. :

Il y a huit sortes de mots latins qu'on appelle les *huit* parties du discours. (TRICOT.)

336. — *Exceptions.* — 1° *Vingt* varie dans les trois expressions *quatre-vingts, six-vingts, quinze-vingts,* pourvu qu'elles ne soient pas suivies d'un autre nombre. Ex. :

Nous avons *quatre vingts* élèves.

Avant cette époque, les légendaires chinois placent jusqu'à *quatre-vingt seize* millions d'années. [Ph. LEBAS.]

337. — *Cent* varie lorsque, multiplié par un nombre, il n'est pas suivi d'un autre nombre. Ex. :

Les Chinois ont lutté avec la nature, et l'ont domptée sur une surface de plus de six *cent* mille lieues carrées. [Ph LEBAS.]

Huit *cents* se soulevèrent. [ROEDERER.]

NOTA. On dit sans variabilité : *page deux cent, page quatre-vingt*, parce qu'il ne s'agit pas de *quatre-vingts* pages, ni de *deux cents* pages, mais d'une seule qui est la *deux-centième*, la *quatre-vingtième*.

338. — *Mille*, signifiant *dix fois cent*, reste invariable. Ex. :

Moïse se mit à la tête de plus de six cent *mille* Israélites. [Em. LEFRANC.]

Dans la supputation des années, on écrit *mil* invariable, mais seulement pour les années écoulées depuis l'ère chrétienne ; ailleurs on écrit *mille*. Ex. :

L'an *mil* huit cent trente-sept, le mardi, trentième jour du mois de mai. [J. JANIN.]

Mercier a fait un ouvrage qui a pour titre : L'an deux *mille* quatre cent quarante. [DOMERGUE.]

339. — *Mille*, mesure de chemin, est substantif et conséquemment variable. Ex. :

Naples fut bâtie par des habitants de Cumes et par d'autres Grecs, à peu près à quatre *milles* de l'ancienne ville. [DE SERRE.]

2° ADJECTIFS POSSESSIFS.

340. — Le substantif déterminé par les adjectifs possessifs *notre, votre, leur, nos, vos, leurs*, se met au singulier, quand il représente *un* objet appartenant en commun à plusieurs individus : *notre cheval est mort* ; le cheval nous appartenait en commun, *un cheval pour plusieurs.*

Ce même substantif se met au pluriel, quand il représente plusieurs objets appartenant en commun à plusieurs individus, ou désignant des unités prises collectivement. Ex. :

Les femmes accompagnaient à la guerre *leurs* maris et *leurs* enfants. [RULHIÈRE.]

341. — Lorsque les adjectifs possessifs *son*, *sa*, *ses*, *leur*, *leurs*, représentent des noms de chose, on ne les emploie, autant que possible, que si le mot remplacé ou possesseur est sujet de la proposition où figurent ces adjectifs. Ex. :

La terre à tes regards doit *sa* fécondité. [DORION.]

342. — Lorsque le mot remplacé ou possesseur n'est pas le sujet de la proposition, on remplace *son*, *sa*, *ses*, *leur*, par l'article et le pronom *en*, toutes les fois que cela est possible. Ex. :

Salomon éleva au Seigneur un temple magnifique, et *en* fit solennellement *la* dédicace. [EM. LEFRANC.]

3° ADJECTIFS INDÉFINIS.

343. — *Aucun* et *nul* précédant le substantif demandent le singulier, excepté quand le substantif n'a pas de singulier, ou qu'il a au pluriel un autre sens que celui qu'on veut exprimer. Ex. :

Nul disciple ne doit espérer d'être au-dessus du maître. [FÉNÉLON.]

344. — *Même* peut être employé comme adjectif ou comme adverbe; il est employé comme adjectif : 1° lorsqu'il est placé devant le substantif. Ex. :

Ces *mêmes* motifs m'engagent à publier cette seconde partie. [G. MASUYER.]

2° Lorsqu'il vient après un pronom ou un seul substantif. Ex. :

Qui est-ce qui se renoncera pour aimer Dieu, si nous paraissons vides de Dieu et idolâtres de nous-*mêmes* ? [FÉNÉLON.]

Les empereurs *mêmes* sont devenus les adorateurs du nom qu'ils blasphémaient. [ID.]

345. — *Même* s'emploie comme adverbe :

1° Après un verbe. Ex. :

Ils ne gardaient pas *même* les bienséances. [ANQUETIL.]

3° Après plusieurs substantifs. Ex. :

[illegible] donne d'autres idées, et on oublie ses fautes et [illegible] même. [MONT.]

346. — *Quelque* donne lieu à plusieurs règles :

1° Placé devant un substantif, il est adjectif et s'écrit en un seul mot. Ex. :

Il faut donc encore *quelques* efforts pour parvenir à ce but si désirable. [G. MASUYER.]

347. — 2° Placé devant un verbe, *quel* devient attribut par inversion, et s'accorde avec le sujet. Exemple :

Il semble qu'aucune action, *quelle qu'elle* soit, considérée en elle-même, n'est de soi tragique. [BATTEUX.]

348. — Placé devant un adjectif ou une expression adjective, servant d'attribut et placé avant le verbe par inversion, *quelque* est adverbe et conséquemment invariable. Ex. :

Quelque savants, *quelque* grands génies que vous soyez, vous ignorez bien des choses.

349. — *Tout* donne également lieu à plusieurs règles :

1° Devant un substantif, *tout* est adjectif. Ex. :

Une femme judicieuse, appliquée, et pleine de religion, est l'âme de *toute* une grande maison. [FÉN.]

L'intérêt le plus évident de Buonaparte était de tenir à ces principes, de les mettre en action par *tous* les moyens qui étaient en son pouvoir. [G. MASUYER.]

350. — 2° Placé devant un adjectif qu'il modifie, il devient adverbe, et demeure conséquemment invariable. Ex. :

On les entretenait dans l'habitude de courir et de sauter *tout* armés. [MONT.]

351. — 3° Cependant *tout*, quoique modifiant un adjectif, varie par euphonie, si cet adjectif est féminin et commence par une consonne ou une *h* aspirée. Ex. :

Nous ne la verrons plus, elle s'ensevelit, comme morte, *toute* vivante. [FÉNELON.]

352. — 4° Devant l'adjectif *entier*, les auteurs font *tout* variable ou invariable indifféremment ; nous préférons l'invariabilité comme plus conforme à la règle générale. Ex. :

Et mon âme à la cour s'attacha *tout* entière. (RAC.)

353.— 5° Si *tout*, même placé devant un adjectif, ne le modifie pas, mais exprime la généralité, la totalité des individus dont il s'agit, il s'accorde avec le substantif. Ex. :

Ces enfants ne sont pas *tous* aimables, c'est-à-dire *tous ces enfants* ne sont pas aimables. *Tout aimables* signifierait *tout-à-fait*, *très*-aimables.

354.—6° *Tout* sera adverbe devant une expression adjective servant d'attribut et placée avant le verbe par inversion, et il suivra la même règle que *quelque*. Ex. :

Tout grands philosophes qu'ils sont, que vous les croyez, ils sont tombés dans beaucoup d'erreurs.

Tout rois qu'ils sont, ils sont hommes; c'est-à-dire, *quoiqu'ils soient rois*.

355.—Dans l'expression *tout autre*, *tout* peut être adjectif ou adverbe. Il est adjectif, quand il modifie le substantif, c'est-à-dire quand il n'y a point d'autre adjectif déterminatif, et que sans dénaturer le sens de l'expression, on peut placer *autre* après ce substantif. Ex. :

Que mes yeux se ferment à *toute* autre lumière qu'à celle que vous versez d'en haut! [FÉNELON.]

356.—Mais s'il y a devant *tout* l'adjectif déterminatif *un*, *une*, au singulier; *de*, *des*, au pluriel, il est adverbe et modifie *autre*. Ex. :

Je me suis pressé de l'interpeller sur un fait *d'une tout autre* importance. [ALVIN.]

357.—L'expression *autre chose* est quelquefois adjective et signifie *différent*, ou *une chose différente*. Alors *tout* est invariable d'après la première règle. Exemple :

De quoi diantre vous avisez-vous de me faire musicien? J'aimerais mieux être *tout autre chose*. [REGNARD]

Pour que *tout* varie devant *autre chose*, l'expression doit signifier *une chose quelconque autre*, *toutes les autres choses*. Ex. :

Le monde, si mauvais juge en presque *toute autre chose*, ne l'est point à son égard. [OXENST]

358. — *Tout*, suivi d'un substantif *indéterminé* servant d'attribut avec ou sans la préposition, reste invariable, attendu que l'expression qui suit équivaut à un adjectif. Ex. :

Il est *tout* zèle, *tout* ardeur et *tout* obéissance. [BUFF.]
Thèbes, qui croit vous perdre, est déjà tout en larmes. [RAC.]

359. — Mais si le substantif est déterminé ou si l'attribut est un pronom, *tout* devient variable et il est lui-même l'attribut grammatical. Ex. :

Demain, grand Dieu, je serai *toute* à toi. [LE FLAGUAIS.]
La liberté de l'Inde est *toute* entre ses mains. [RAC.]

CHAPITRE IV.

SYNTAXE DU PRONOM.

§ I. — Emploi du pronom en général.

360. — Le pronom s'accorde de la même manière que l'adjectif ; mais il ne peut représenter qu'une expression *déterminée*, c'est-à-dire dont la signification est bien précisée. Ex. :

L'histoire abrégée *que* j'offre au public est divisée en deux parties ; *l'extrait* de l'abbé Dubos forme la première, et *celui* de l'abbé Mably la seconde. [THOURET.]

361. — On évitera surtout d'employer un pronom qui serait en rapport avec un substantif indéterminé, formant avec le mot auquel il est joint (verbe, adjectif ou préposition), une seule expression, comme *demander conseil* (consulter), *plein d'ambition* (ambitieux), *avec courage* (courageusement).

L'usage ne permet pas de rappeler par des pronoms les mots *conseil*, *ambition*, *courage* de ces expressions, à moins qu'on ne les détermine.

Mais il faut prendre garde, en déterminant le substantif, de ne pas donner à l'expression un autre sens, comme dans : *rendre justice*, et *rendre la jus-*

tice. Que l'on ait cette phrase à construire : *je vous ai rendu justice, et vous la méritiez* ; on ne dira pas : *je vous ai rendu la justice* ; ce n'est plus le sens. Mais on pourra dire : *je vous ai rendu justice, et vous le méritiez* ; en faisant rapporter *le* à un membre de phrase sous-entendu : *je vous ai rendu justice, et vous méritiez cela* (que je vous rendisse justice.)

362. — Le pronom doit toujours être en un rapport évident avec le substantif qu'il représente, et il faut pour cela de grandes précautions.

L'emploi du pronom indéfini *on* et des pronoms personnels de la troisième personne, en rapport avec des noms différents, est fautif, en ce qu'il rend la phrase obscure, et que l'esprit a peine à saisir cette confusion de rapports. Ainsi on ne dira pas : Vous avez affaire à un roi qui est réglé dans ses finances comme un géomètre, et qui *en* a toutes les vertus (Vol.). Car on ne sait si *en* se rapporte à *roi* ou à *géomètre*.

§ II. Des pronoms personnels.

363. — Les pronoms personnels employés comme sujets se répètent ordinairement avant chaque verbe, et cette répétition est de rigueur toutes les fois que les verbes sont liés par un conjonctif ou par une conjonction autre que *et*, *ou*, *ni*, *mais*. Ex. :

Souvent *il* mettait en vers certains morceaux, et ensuite *il* les retraduisait en prose. (Th.-G. Clemson.)
Je sèche, *je* me meurs. (Piron.)
Car enfin *je* péris *si je* tombe. (Id.)

364. — Mais on peut supprimer le pronom sujet, quand le second verbe n'est pas lié au premier par un conjonctif ou par une conjonction autre que *et*, *ou*, *ni*, *mais*. Ex. :

Je crains Dieu, cher Abner, et n'ai point d'autre crainte. (Racine.)
Quoi ! *tu* veux qu'on t'épargne, et n'as rien épargné ! (Corn.)

365. — Nota. — Si le premier verbe est négatif et le second affirmatif, on ne peut supprimer le pronom sujet de celui-ci. Ex. :

Hélas ! *je* ne puis voir qui des deux est mon fils,
Et *je* vois que tous deux ils sont mes ennemis. [CORN.]

366. — Le pronom sujet est ordinairement avant le verbe.

Mais il se place après :

1° Quand il y a interrogation directe. Ex. :

Qu'ai-*je* besoin du sang des boucs et des génisses ? (RAC.)

2° Quand le verbe dont il est le sujet annonce que l'on rapporte les paroles de quelqu'un, pourvu qu'une au moins de ces paroles précède le verbe.

Tremble, m'a-t-*elle* dit, fille digne de moi. (RAC.)

NOTA. — Cette règle est applicable à tous les pronoms et aux substantifs.

3° Quand le verbe est précédé d'un des mots *aussi*, *encore*, *peut-être*, *du moins*, etc. Ex. :

Encore les modèles en sont-*ils* rares. (FLORIAN.)
A peine songeaient-*ils* à fuir. (ANQUETIL.)

REMARQUE. — Dans ce cas le pronom sujet peut aussi précéder le verbe. Ex. :

Je me lève, et à peine *j'*étais habillée que Paul, hors de lui, me saute au cou. (B. DE ST PIERRE.)

4° Lorsque le verbe au dubitatif exprime *directement* un souhait, un désir. Ex. :

Puissé-je de mes yeux y voir tomber la foudre ! (CORN.)
Dussé-je encor m'attendre à de plus grands revers ! (ARN.)

NOTA. Lorsque, dans une interrogation directe, le sujet est un substantif, le pronom personnel se répète après le verbe par pléonasme. Ex. :

Auguste doit-*il* abdiquer ou garder l'empire du monde? [MARM.]

367. — Les pronoms personnels employés comme compléments se répètent également avant chaque verbe. Ex. :

Les grandes prospérités *nous* aveuglent, *nous* transportent, *nous* égarent, *nous* font oublier Dieu. (BOSS.)

368. — Le pronom est ordinairement placé immédiatement avant le verbe qu'il complète ; mais si ce verbe est un infinitif sous la dépendance d'un autre verbe, il est indifférent que le pronom se place avant l'un ou avant l'autre, pourvu que le sens et l'harmonie ne soient point violés. Ex. :

Ma vie est votre bien, vous voulez *le* reprendre. [RAC.]
Ne *l'*osez vous laisser un moment sur sa foi. [Id.]

369. — Mais il y a quelquefois différence de sens, selon que le complément se trouve avant ou après le premier verbe. Ex. :

Il *me* faut faire un choix, il est fait dans mon cœur. [VOLTAIRE.]

Il faut me faire un choix ; c'est-à-dire, faites-le pour moi.

370. — De deux pronoms compléments du même verbe, le complément direct se place le premier, quand ils sont tous deux de la troisième personne, excepté avec le pronom *se* dans les verbes pronominaux. Ex. :

OEdipe *la lui* raconte. [THIBAULT.]
Ils *se le* sont promis.

Mais si les pronoms sont de différentes personnes, on place les pronoms de la première et ceux de la deuxième personne avant ceux de la troisième. Ex. :

Je la demandai en mariage à son père, il *me la* refusa. [LESAGE.]

371. — Les pronoms compléments d'un impératif se placent après cet impératif, pourvu qu'il ne soit pas négatif. Ex. :

Fuyez, fuyez, hâtez-*vous* de fuir. [FÉN.]
Ne m'abandonnez pas.

372. — Quand il y a deux impératifs de suite, unis par une conjonction, le complément du second peut le précéder. Ex. :

Rendez-moi mes procès, *ou bien m'ôtez* la vie. [DU CERCEAU]

373. — De deux pronoms compléments d'un impératif, le complément direct se place le premier, qu'ils soient ou non de la même personne. Ex. :

Chère ombre, apprends-*le-moi*. (LONGEPIERRE.)

Pour éviter une cacophonie on prendrait une construction détournée ; ainsi au lieu de dire : Envoyez-*m'y* ; on dira : *veuillez* ou *daignez m'y envoyer*.

374. — Le pronom *soi* est ordinairement du singulier ; il se dit des personnes et des choses. Mais

quand il se dit des personnes, il ne s'emploie qu'autant qu'il est en rapport avec un pronom indéfini, ou avec le sujet sous-entendu d'un infinitif. Ex. :

Le nord ou le septentrion est le point que *l'on* a devant *soi*, quand, à midi, et dans la partie de la terre que nous habitons, on tourne le dos au soleil. (DE BOSSAY.)

Il ne faut que regarder autour de *soi*. (L. SW. BELLOC.)

375. — Les pronoms *lui*, *leur*, et *eux*, *elles*, employés comme compléments indirects, ne se disent que des personnes et des choses personnifiées. Ex. :

Laissez-*leur* prendre un pied chez vous,
Ils en auront bientôt pris quatre. (LAF.)

Quand il s'agit de choses, on remplace ces pronoms par *en*, si le complément doit être exprimé avec la préposition *de*, et par *y*, si c'est avec la préposition *à*. Ex. :

Les martyrs avaient les mystères de notre foi si profondément gravés dans l'âme, et ils *en* étaient tellement touchés, que rien ne leur coûtait, soit pour *y* conformer leur conduite, soit pour *en* attester la vérité par une généreuse confession. (BOURD.)

376. — Le pronom personnel *le*, employé comme attribut avec le verbe être, peut représenter un substantif ou un adjectif :

1° S'il représente un substantif ou un adjectif pris substantivement, il varie.

2° S'il représente un adjectif ou un substantif pris adjectivement, il est invariable. Ex. :

Êtes-vous la maîtresse de la maison ? — Je *la* suis.
Si vous êtes mortels, ils *le* sont comme vous. (J.-B. ROUSS.)

§ III. Des pronoms démonstratifs.

377. — *Ce*, *ceci*, *cela* s'emploient pour les choses ; *celui*, *celui-ci*, *ceux-ci*, *ceux-là*, *celle-ci*, *celle-là*, pour les personnes et pour les choses.

378. — *Celui-ci*, *celui-là*, *ceci*, *cela*, employés en opposition, se disent, *celui-ci*, *ceci*, pour les objets les plus rapprochés ou dont on a parlé en dernier lieu ; *celui-là*, *cela*, pour les objets les plus éloignés ou dont on a parlé en premier lieu. Ex. :

Le grand obstacle aux fruits que l'on pourrait retirer de certaines sciences, c'est la liaison des *devoirs* avec les *vérité*. On rejette *celles-ci* de peur d'être obligé d'adopter *ceux-là* sur le pied de conséquence nécessaire. (FORMEY.)

§ IV. — Des pronoms conjonctifs.

379. — Le pronom conjonctif doit être placé immédiatement après son antécédent, toutes les fois que cela est possible Ex :

Je chante ce *héros* qui régna sur la France. (VOLT.)

Ainsi on ne dira pas bien avec Rollin : Il fit plusieurs autres *exploits* particuliers contre les peuples de la Grèce ennemis de Sparte, *qui* marquent toujours à la vérité beaucoup de valeur et d'expérience de la part de ce chef. — Au lieu de *qui*, il serait plus clair de couper la phrase et de dire : Ces exploits marquent... etc.

On ne dira pas non plus : Il y eut bientôt plus de six millions *d'hommes* dans l'empire, *qui* échappaient à toute imposition. (Dureau-Delamalle.) — Il est mieux de dire : Il y eut bientôt dans l'empire plus de six... etc.

380. — Si le conjonctif est précédé de plusieurs substantifs auxquels il pourrait se rapporter également, comme dans cette phrase : *l'exemple de votre frère qui vous a instruit, n'est pas le seul dont vous devez faire votre profit* ; on doit couper la phrase, ou prendre un moyen quelconque de faire disparaître l'ambiguïté. On dirait bien : *L'exemple de votre frère vous a instruit, mais il n'est pas le seul dont vous devez faire votre profit.*

Souvent même, il suffit de remplacer *qui*, *que*, *dont*, par *lequel*, *laquelle*, *duquel*, etc. Ex. :

Le siège d'Arles et la prise de Narbonne par les Visigois sont les seuls événements qui nous soient parvenus de *la guerre* entre Egidius et les Visigoths, *laquelle* fut terminée par la bataille donnée entre Egidius et Childéric. [HÉNAULT.]

381. — Le pronom conjonctif est toujours du même genre, du même nombre et de la même personne que son antécédent. Ex. :

C'est *moi qui* par ce coup *préparai* sa victoire,
Et de nombreux secours eurent part à sa gloire.
La mienne est à *moi* seul *qui* seul *ai combattu*. (LAFOSSE.)

C'est *toi qui* me *rends* à moi-même. (CHAULIEU.)

382. — Les mots en apostrophe ne servent pas d'antécédents au pronom conjonctif; cet antécédent est toujours, dans ce cas, le pronom de la seconde personne exprimé ou sous-entendu. Ex. :

Et vous, ô assemblée *qui m'écoutez*, n'oubliez jamais ce que vous voyez aujourd'hui. [FÉN.]

383. — *Dont* ne sert qu'à marquer la relation; et si à l'idée de relation se joint l'idée de sortie, on emploie *d'où* au lieu de *dont*. Ex. :

C'est toi, divin Bacchus, *dont* je chante la gloire. [J. B. ROUSSEAU.]

Le lieu *d'où* une rivière ou un fleuve commence à couler se nomme sa source. [DE BOSSAY.]

384. — *Qui*, employé sans antécédent entre deux verbes, ou par interrogation au commencement de la phrase, peut être sujet ou complément: sujet, s'il signifie *celui qui* ou *quel est celui qui;* complément, s'il signifie *celui que* ou *quel est celui que*. Ex. :

Je ne sais *qui* l'emporterait, si le parallèle était exact. [LOUIS LEGENDRE.]

Le Seigneur, disait un saint roi, est mon salut; *qui* craindrai-je? [FÉN.]

385. — *Qui*, comme complément indirect, ne se dit que des personnes et des choses personnifiées; s'il doit être en rapport avec un nom de chose, on le remplace par *lequel*, *laquelle*, etc. Ex. :

Imitez ceux à *qui* vous devez la naissance, s'ils ont été véritablement grands. [Leçons de la Sagesse.]

La vraie noblesse, la seule grandeur, c'est celle des sentiments, à *laquelle* toute âme bien née doit aspirer. [Idem.]

§ V. — Des pronoms interrogatifs.

386. — Dans l'interrogation, *que* remplace *quoi* comme complément indirect dans certaines expressions où la préposition est sous-entendue. Ex. :

*Qu'*ai-je besoin du sang des boucs et des génisses? (RACINE.)
Du zèle de ma loi *que* sert de vous parer? (Id.)

Mais ce serait une faute de dire : *Que vous plaignez-vous?* — Il faut dire : *pourquoi* ou *de quoi* vous plaignez-vous?

On ne dira pas non plus : *Qu'avez-vous besoin?*

— On doit dire : *de quoi* avez-vous besoin, à moins que l'expression ne soit suivie d'un complément indirect, comme dans le vers de Racine cité plus haut : *qu'ai-je besoin du sang*, etc.

Il en est de même de l'expression *qu'ai je affaire* et *de quoi ai-je affaire*, qu'il faut se garder de confondre avec *qu'ai je à faire* ? Ex. :

Qu'ai-je affaire de tant d'explications ?
Qu'ai-je à faire aujourd'hui ?

On dirait bien aussi : *Que ne vous plaignez-vous ?* C'est qu'ici *que* n'est plus pronom interrogatif, mais adverbe interrogatif équivalant à *pourquoi* : *Pourquoi ne vous plaignez-vous pas ?*

§ VI. — Des pronoms indéfinis.

287. — *Chacun*, en rapport avec un nom pluriel, prend après lui *son*, *sa*, *ses*, quand l'expression forme un sens complet avec *chacun*. Ex. :

On se battait pour avoir le pillage du camp ennemi ou de ses terres : après quoi, le vainqueur et le vaincu se retiraient *chacun* dans *sa* ville. [MONT.]

— *Chacun dans sa ville* pourrait se retrancher.

Mais *chacun* prend après lui *leur*, quand ce qui le suit est nécessaire pour compléter ce qui précède. Ex. :

Les professions ont *chacune leurs* louanges propres. [Leç. de la Sagesse.]

388. — NOTA. — On peut toujours employer *son*, *sa*, *ses*, avec *chacun*, si ce mot est précédé du complément direct. Ex. :

Le talent est le maître de les traiter tous [*les genres*] en *les* laissant *chacun* à *sa* place. (LA HARPE.)

389. — Il ne faut pas confondre *chacun*, pronom, avec l'adjectif indéfini *chaque*, lequel ne peut jamais devenir pronom, et qui par conséquent doit toujours déterminer un substantif exprimé.

Nous ne dirons donc pas :

Chaque kampong ou village se compose de maisons, mais il y a dans *chaque* un balei ou grande halle. [WALCKENAER.]

Nous dirons, il y a dans *chacun*... etc.

390. — L'expression *l'un et l'autre* exprime la pluralité et signifie *tous deux*, *tous les deux*; *l'un l'autre* exprime la réciprocité. Ex.:

Les deux combattants fondent *l'un sur l'autre*.

Quoi! le nom commun de péché ne suffira pas pour les faire détester *les uns et les autres*? (Bossuet.)

On met ordinairement *les uns et les autres*, *les uns les autres*, s'il s'agit de plus de trois.

Les hommes vivaient jusqu'à une extrême vieillesse, sans avoir grand commerce *les uns avec les autres*.

391. — Le pronom *on* est toujours sujet, il est généralement du masculin et du singulier; mais il devient féminin, s'il s'applique spécialement à une femme. Ex.:

Quand *on* est *mère*, *on* n'est *heureuse* qu'auprès de ses enfants.

392. — Les adjectifs et les participes en rapport avec *on* se mettent au pluriel, non quand il y a dans l'expression une idée de pluralité, mais une idée de réciprocité. Ex.:

On devient *indifférents* les uns pour les autres.
(Leçons de la Sagesse.)

Si l'*on* se convenait, on se touchait la main, et l'*on* était *amis* pour la vie. (Marmontel.)

Remarque. — Le participe du verbe pronominal dont *on* est le sujet, ne varie jamais, quand même il y aurait idée de réciprocité. Ex.:

On s'était *attaqué* par des plaisanteries.

393. — *Personne* peut être employé comme substantif ou comme pronom indéfini.

Substantif, il est féminin et ordinairement déterminé. Ex.:

Toute personne n'est pas propre à servir de témoin.
(V. Leclerc.)

Pronom indéfini, il est toujours indéterminé et masculin. Ex.:

Personne n'est *instruit*, *personne* n'est *vertueux*, s'il ne l'est en leur manière. (Leçons de la Sagesse.)

394. — *Quiconque* équivaut à *celui qui*, c'est ce à quoi il faut prendre garde dans l'analyse. Ex.:

Quiconque pense au crime est près de s'y résoudre.

C'est-à-dire *celui qui pense.*

On voit que *celui* appartient à la première proposition, et que *qui* est le premier mot de la subordonnée.

CHAPITRE V.

SYNTAXE DU VERBE.

§ I.— Emploi des auxiliaires dans les temps composés des verbes intransitifs.

395.— Nous avons vu que certains verbes intransitifs se conjuguent avec l'auxiliaire *avoir* et d'autres avec l'auxiliaire *être*.

1° *Avoir* s'emploie avec *courir*, et ses composés (excepté *accourir*), *dormir*, *durer*, *marcher*, *paraître* et ses composés (excepté *apparaître* et *disparaître*), *régner*, *subsister*, *succomber*, *vivre* et ses composés. Ex :

Les grands écrivains qu'elles inspirent *ont* toujours *paru* dans les temps les plus difficiles à supporter à toute société. (B. DE ST-PIERRE.)

Ces chefs si forts, si sensibles,
Comment *ont*-ils *succombé* ? (LEF. DE POMP.)

396.—2° *Etre* s'emploie avec *aller*, *arriver*, *décéder*, *éclore*, *entrer*, *mourir*, *naître*, *sortir*, *venir* et ses composés (excepté *subvenir*, *contrevenir* qui prennent *avoir*). Ex. :

Ils *sont sortis*, Olympe ? (RAC.)
Daphnis *était né* près des monts Héréens. (LEP.)
Que *sont devenus* ces Romains ? (FÉNEL.)

397.— Un grand nombre de verbes intransitifs se construisent avec *avoir* ou *être*, selon qu'on veut exprimer le moment où l'action a lieu, ou bien le résultat de cette action ; tels sont *aborder*, *apparaître*, *augmenter*, *avancer*, *cesser*, *déchoir*, *descendre*, *diminuer*, *disparaître*, *échoir*, *expirer*, *germer*, *grandir*, *manquer*, *monter*, *passer*, *pé-*

rir, *sonner*, *tomber*, *vieillir*, *fleurir*, *doubler*, *accourir*. Ex. :

Comment *es*-tu *tombé* des cieux,
Astre brillant, fils de l'aurore ? (L. RAC.)

Vous avez, lui dit-il, paru devant moi, et les fers *ont tombé* de vos mains. (MONT.)

C'est donc manifestement hors du peuple juif qu'il faut chercher l'accomplissement des promesses dont il *est déchu*. (FÉNÉLON.)

Pourquoi donc, nous le répétons, ces deux belles choses *ont*-elles *déchu* ? (TH. JOUFFROY.)

398. — *Convenir* avec *avoir*, signifie *être convenable*.

Si vous l'avez fait, c'est que cela vous *a convenu*.

Avec l'auxiliaire *être*, il signifie *être*, *tomber*, *demeurer d'accord*. Ex. :

Les meilleurs écrivains de la Grèce *sont convenus* que leur nation avait beaucoup emprunté des Chaldéens. (GOGUET.)

399. — *Demeurer* prend *avoir* dans le sens de *habiter*, *séjourner*, *avoir sa résidence*. Ex. :

Ces deux philosophes *avaient demeuré* en Egypte un grand nombre d'années. (GOG.)

Il prend *être* dans les autres cas. Ex. :

De l'aveu de toute l'antiquité, depuis la guerre de Troie jusqu'à celle du Péloponèse, l'histoire de la médecine *est demeurée* couverte des plus épaisses ténèbres. (GOG.)

400. — *Rester* suit la même règle. Ex. :

Si j'eusse été ambitieux, tous mes efforts *seraient restés* infructueux. (E. Souvestre.)

Mais il se dit rarement dans le sens de *habiter*.

401. — *Echapper*, avec *avoir*, signifie *n'être pas remarqué*, *être ignoré*, *éviter*, *fuir*. Ex. :

Cette découverte *n'avait* pas *échappé* aux astronomes chaldéens. (GOGUET.)

Avec *être*, il signifie *faire*, ou *dire sans le vouloir*, *sans le savoir*, *être délivré de*. Ex. :

Rappelez les indiscrétions qui vous *sont échappées*, et vous cesserez d'être surpris. (Leçons de la Sagesse.)

402. — *Partir* ne prend *avoir* que quand il s'agit du coup d'une arme quelconque. Ex. :

La flèche *a parti* avec impétuosité.

Le régiment *est parti* pour Paris.

§ II. Accord du verbe.

403. — Le verbe s'accorde en nombre et en personne avec son sujet. Ex. :

Oui, je viens dans son temple adorer l'Eternel. (Rac.)
Vous êtes le Phénix des hôtes de ce bois. (Laf.)
Il aima mieux mourir que de violer son serment. (Leprév.)

404. — S'il y a plusieurs sujets, le verbe se met au pluriel ; et si les sujets sont de différentes personnes, il s'accorde avec celle qui a la priorité. Ex. :

Ni l'égoïsme ni la froideur du reste du monde *n'atteindront* jusqu'à elle. (Louise Sw. Belloc.)
Toi et les peuples êtes également magnanimes et forts.

405. — Remarque. — La *première* personne s'énonce toujours après les autres. Ex. :

Ni vous ni moi n'avons un cœur tout neuf. (Volt.)

406. — *Plus d'un* demande le verbe au singulier sans réciprocité Ex. :

Plus d'un guéret *s'engraissa*
Du sang de plus d'une bande. (Lafont.)

Au pluriel avec réciprocité :

Plus d'un fripon *se dupent* l'un l'autre. (Marm.)

407. — Le sujet d'un verbe étant exprimé par un substantif, ne doit pas être répété par un pronom personnel devant ce même verbe, comme l'a fait Voltaire :

Louis, en ce moment, prenant son diadème,
Sur le front du vainqueur *il* le posa lui-même.

408. — Si le sujet est trop éloigné de son verbe, il est mieux de le répéter lui-même. Ex. :

Listorius Celsus, son lieutenant, trop sûr de ses forces, car il avait joint aux Romains des troupes auxiliaires composées de Scythes, c'est-à-dire des Huns et des Alains dont la cavalerie était indomptable, *Listorius* donc *attaqua* les Visigoths qui n'avaient que de l'infanterie. (Hénault.)

EXCEPTIONS.

409. — Si les sujets d'un verbe sont synonymes, le verbe s'accorde avec le plus rapproché. Ex. :

Un chef, un héros excitait par ses exploits l'admiration des jeunes gens. (De Marc.)

410. — Si les sujets sont placés par gradation, le

verbe s'accorde également avec le plus rapproché. Ex. :

Un salut, un sourire nous les *réconcilierait.*
(Leçons de la Sagesse.)

411. — Si les sujets sont unis par la conjonction *ou*, le verbe s'accorde encore avec le plus rapproché. Ex. :

L'embouchure est l'endroit où *un fleuve ou une rivière se jette dans* la mer. (POULAIN DE BOSSAY.)

Avec une pareille résolution, *la gloire ou la fortune* ne l'abandonnerait jamais. (DUVIVIER.)

412. — OBSERVATIONS. — 1° Si les sujets unis par *ou* sont de différentes personnes, l'usage demande le verbe au pluriel, et l'accord avec la personne qui a la priorité. Ex. :

Vous ou lui remporterez le prix.

413. — 2° Si de deux mots unis par *ou*, le second n'est que l'explication du premier, et conséquemment n'est point déterminé, le premier seul influe sur l'accord. Ex. :

L'équateur ou ligne équinoxiale *est* ainsi *appelé*, parce qu'il marque le point où doit être arrivé le soleil, pour que les jours soient égaux aux nuits.

414. — Si les deux sujets sont unis par une conjonction ou par une locution conjonctive, il est évident qu'il y a deux propositions ; et il faut distinguer alors auquel des deux sujets se rapporte le verbe exprimé. C'est ordinairement au premier, puisque, comme on l'a vu, le conjonctif est toujours le premier mot d'une proposition subordonnée. Ex. :

C'est bien plus souvent une *volonté* forte, que les moyens, qui nous *manque*. (TOULOTTE.)

Mon corps, comme mon âme, est fils du soleil. (LAM.)

NOTA. — S'il avait *moins que*, au lieu de *plus que*, l'accord se ferait en sens inverse, c'est-à-dire avec le dernier, parce que dans ces sortes d'expressions, le verbe est toujours en rapport avec le mot dominant, celui qui est affecté du signe *plus*. Ex. :

C'est moins le peuple que *les chefs qui sont* coupables.

415. — Un verbe qui a pour sujet *l'un et l'autre*,

ou *ni l'un ni l'autre*, se met indifféremment au singulier ou au pluriel. Ex. :

L'un et l'autre *observent* le cœur humain. (LAH.)
Il ne faut ici que réfléchir et être conséquent, mais combien l'un et l'autre *est* rare ! (Id.)
Ni l'un ni l'autre n'*avait* aucun intérêt au rétablissement des Stuarts. (LACRETELLE.)

416. — Un verbe qui a pour sujet un pronom conjonctif, s'accorde avec l'antécédent de ce pronom. Ex. :

C'est *moi qui combattais* cette résurrection, *moi qui ai* fait voir tant d'opposition à la croire, et *qui* ne *veux* plus vivre que pour la publier. (BOURDALOUE.)
C'est *lui qui* le premier *éleva* des autels. (Ph. LEBAS.)

417. — Quand un verbe a plusieurs infinitifs pour sujet, on peut le mettre au pluriel, car les infinitifs sont considérés comme de vrais substantifs. Ex. :

Travailler, lire, exigent de l'attention. (LEURET.)
Vivre et *vivre sont* deux choses. (OXENSTIERN.)

ACCORD SYLLEPTIQUE.

418. — Lorsque le sujet d'un verbe est un collectif suivi d'un substantif, c'est le collectif qui détermine l'accord, s'il est général ; et c'est au contraire le nom qui complète, si ce collectif est partitif. Ex. :

La foule de ses adorateurs dans nos églises se *compose* de pauvres matelots qu'elle a sauvés du naufrage. (CHATEAUBRIAND.)
Une foule d'oiseaux surchargeaient un tilleul. (MOLL.)

419. — Si le sujet grammatical d'un verbe est un adverbe de quantité, l'accord se fait toujours par syllepse avec le complément de cet adverbe. Ex. :

Comment *tant de grandeur s'est-elle évanouie* ? (J. B. ROUSSEAU.)
Tant de crimes soulevèrent contre lui les grands de l'empire. (PH. LEBAS.)

La même règle s'observe, si ces adverbes sont en rapport avec un nom pluriel non exprimé après eux. Ex. :

Combien là-bas *l'ont* déjà devancé ! (BÉRANGER.)
Beaucoup de gens entendent parler d'une doctrine, *fort peu l'étudient*. (J. DROZ.)

420. — *Le reste* demande le verbe au singulier. Ex.:

On leur fit cinquante mille prisonniers, on leur tua trois mille hommes, *le reste déserta*. (VOLTAIRE.)

Le reste des hommes, naturellement *imitateur*, *suit* comme un troupeau. (LAHARPE.)

421. — Le verbe *être* précédé de *ce* se met au pluriel, s'il a pour attribut une troisième personne plurielle. Ex. :

Là ce sont des mépris et des rebuts ; ici *ce sont des défaites, des délais, des remises* éternelles...

(*Leçons de la Sagesse.*)

C'étaient des motifs que je n'osais même faire soupçonner. (B. DE ST-PIERRE.)

422. — Quand le verbe *être* précédé de *ce*, n'a pas pour attribut une troisième personne plurielle, il ne peut se mettre au pluriel. Ex. :

« *Est-ce vous*, mes enfants ? » Ils répondirent avec les noirs : « Oui, c'est nous. » (B. DE ST-PIERRE.)

§ III. Du complément des verbes.

423. — De deux compléments de nature différente, le plus court se place le premier. Ex. :

Le jour annonce *au jour* sa gloire et sa puissance.
Il donne *aux fleurs* leur aimable peinture. (RAC.)

Si les compléments sont d'égale longueur, le complément direct se place le premier. Ex. :

Il partagea *ses Etats* en dix provinces. (Ph. LEBAS.)
Il fit mettre *le feu* à l'édifice. (Id.)

424. — Il ne faut pas donner à un verbe un autre complément que celui qu'il exige. Ainsi on ne dira pas : Vous vous nuisez *les uns les autres* ; mais *les uns aux autres* ; car cette phrase équivaut à celle-ci : Vous vous nuisez ; les uns (nuisent) aux autres.

On ne dira pas non plus avec Racine :

Ne vous informez pas *ce* que je deviendrai.

Car on ne dit pas *s'informer une chose*, mais *s'informer d'une chose*. Il faut donc dire pour être correct : Ne vous informez pas de ce que je deviendrai.

425. — Si deux ou plusieurs verbes doivent être complétés par la même idée, mais veulent des compléments différents, donnez à chacun le complément qui lui est propre, en exprimant d'abord le

substantif, et en le rappelant ensuite par les pronoms personnels. Ainsi on ne dira pas :

Il retracera à la mémoire un guerrier qui honore et se plaît à s'entourer de savants ; mais on dira :

Il retracera à la mémoire un guerrier... qui honore les savants et se plaît à s'en entourer. (BONIF.)

Il faut examiner comment les idées entrent *dans notre esprit* et comment elles *en* sortent. (BATTEUX.)

426. — REMARQUE. — Cette règle est applicable à tous les autres mots aussi bien qu'aux verbes ; ainsi nous ne devons pas dire : Cet homme est utile et chéri *de sa famille*, mais :

Cet homme est utile à sa famille et en est chéri. (BES.)

427. — Lorsqu'un complément est composé de plusieurs parties unies par une des conjonctions *et*, *ou*, *ni*, ces parties doivent être de même nature ; c'est-à-dire que ces conjonctions doivent unir ensemble des propositions, des substantifs, des infinitifs, et non point, par exemple, un substantif et un verbe ou une proposition. Ex. :

Alors on ne verra pas des vieillards à cheveux blancs *traîner* ou *porter* de pesants fardeaux sur les grands chemins. (LEBAS.)

Son discours est plein d'une éloquence *insinuante* et *artificieuse*. (THIBAULT.)

Nous pouvons donc voir une faute dans cette phrase de Montesquieu :

Quand les législateurs romains établirent la religion, ils ne pensèrent point à *la réformation* des mœurs, ni *à donner* des principes de morale.

Disons : *à réformer* les mœurs.

428. — Le complément d'un verbe passif est toujours exprimé par l'une des prépositions *de* ou *par* ; l'usage seul indique l'emploi de l'une ou de l'autre. Ex. :

Yao, instruit *par* l'exemple de son frère, prit soin des besoins du peuple. (PH. LEBAS.)

Elles étaient surmontées *par* des statues d'hommes armés, hautes de cinq coudées. Les intervalles étaient décorés *de* tapis de pourpre. (QUATREMÈRE DE QUINCY.)

§ IV. De l'emploi des temps.

1° MODE INDICATIF.

429. — *Présent.* — Ce temps s'emploie, 1° pour

un temps passé, quand on veut rendre la narration plus vive ; il semble alors que l'action soit présente à nos yeux. Ex. :

En s'arrêtant dans cet endroit, Œdipe *demande* à sa fille où il se *trouve*. Tout ce qu'Antigone *peut* lui dire, *c'est* qu'elle *aperçoit* dans le lointain les tours d'Athènes, et que l'aspect du lieu même où ils *sont prouve* qu'il *est* sacré, mais elle ne le *connaît* pas. (THIBAULT.)

430. — REMARQUE. — On voit, par l'exemple cité plus haut, que, quand dans un récit on a commencé à employer le présent, il faut continuer pendant toute la période ; de même que, quand on emploie le passé indéfini pour un temps complètement écoulé, on ne doit pas employer le passé défini dans la même période : ce serait contre le goût, et conséquemment contre la grammaire. On ne dira donc pas :

Les populations de Cham, de Mizraïm, de Chus, *partirent* de la Haute-Asie, *ont traversé* l'Arabie-Heureuse, et *séjournèrent* en Abyssinie.

Nous dirons :

Les populations de Cham, de Mizraïm, de Chus, *partirent* de la Haute-Asie, *traversèrent* l'Arabie-Heureuse, et *séjournèrent* en Abyssinie. (POIRSON.)

2° MODE CONDITIONNEL.

431. — *Conditionnel présent*. — Evitez d'employer ce temps au lieu du futur ; ne dites donc pas : Vous m'avez écrit que vous *viendriez* demain, je vous attends. — Dites : que vous *viendrez*.

432. — *Conditionnel passé*. — Ce temps ne doit pas s'employer pour le conditionnel présent ; ainsi on ne doit pas dire : je croyais que vous *seriez venu* demain, mais : je croyais que vous *viendriez* demain.

§ V. — De l'emploi du mode dubitatif.

433. — On appelle mode *dubitatif* ou *subjonctif*, la forme que prend le verbe, quand l'accomplissement de l'action qu'il exprime est présenté d'une manière douteuse, incertaine, c'est-à-dire pouvant être ou n'être pas.

Le dubitatif peut s'employer, 1° dans une proposition subordonnée ; 2° dans une proposition principale.

434. — Règle générale. On emploie le dubitatif toutes les fois que le verbe exprime une action qui peut avoir lieu ou n'avoir pas lieu, et conséquemment est présentée comme douteuse, incertaine. Ex. :

Cherchez quelqu'un *qui vous instruise*. — Serez-vous ou non instruit ?

C'est ce que vous ne pouvez affirmer, puisque, avant tout, il faut trouver quelqu'un qui non seulement veuille vous instruire, mais encore en soit capable.

435. — Cependant nous pouvons dire : je cherche quelqu'un qui m'*instruira*. C'est qu'alors nous connaissons la personne, et nous pouvons affirmer qu'elle nous instruira.

De la règle générale qui précède, nous pouvons déduire certaines règles particulières pour en faciliter l'application.

436. — On met au dubitatif le verbe de la proposition subordonnée à un mot qui exprime le doute, la volonté, le désir, le commandement. Ex. :

J'exige que chacun *fasse* son devoir. — *Je l'exige*, c'est certain (affirmatif) ; mais ce que j'exige sera-t-il ou ne sera-t-il pas accompli ? C'est incertain ; il peut l'être ou ne l'être pas (dubitatif).

437. — Si la proposition primordiale est négative, souvent il y a doute dans l'accomplissement de l'action exprimée par le verbe de la proposition qui y est subordonnée ; ce verbe se met conséquemment au dubitatif. Ex. :

Dieu, content de la soumission d'Abraham, ne permit pas qu'il *consommât* son sacrifice. (Em. Lefranc.)

Remarque. — On dira : *Je n'ignore pas qu'il est malade*. — Y a-t-il doute sur la maladie ? Non (affirmatif). *Je n'ignore pas* équivaut à *je sais certain*, *je sais positivement*. Donc *il est malade*.

Mais on dira : j'ignorais qu'il *fût* malade. — Était-il ou n'était-il pas malade ? L'un ou l'autre pouvait être (dubitatif), et je *l'ignorais* (affirmatif).

438. — Si la proposition primordiale est interroga-

tive, le verbe de la proposition qui y est subordonnée se met ordinairement au dubitatif. Ex. :

Croyez-vous qu'il *vienne* ? — Il viendra ou non ; il peut faire l'un ou l'autre ; je ne sais ce qu'il fera (dubitatif).

439. — Si le verbe de la proposition primordiale est impersonnel, souvent il arrive que l'action exprimée par le verbe de la proposition subordonnée peut être ou n'être pas ; et l'on emploie le dubitatif. Ex. :

Il convient que vous *fassiez* vos devoirs. — Il convient (affirmatif) ; mais les ferez-vous ou ne les ferez-vous pas ? — L'un ou l'autre peut avoir lieu. Il y a doute (dubitatif).

Mais on dira : *Il est certain* que nous *avons* tort. — *Nous avons tort* ne peut être exprimé avec la forme du doute, puisque nous l'affirmons.

De même on emploie l'affirmatif dans la proposition subordonnée aux verbes *il suit*, *il s'en suit*, *il est vrai*, *il y a*, *il arrive*, et autres que l'usage fera connaître. Ex. :

Il s'en suit que le marche du soleil ne *paraît* pas uniforme dans toutes les saisons. (LETRONNE.)

Il est certain que les Babyloniens *ont cultivé* les premiers la géométrie. (GOGUET.)

440. — REMARQUE. Le verbe de la proposition subordonnée à l'unipersonnel *il semble* se met au dubitatif, si ce qu'il exprime est invraisemblable ou impossible, et à l'affirmatif dans le cas contraire. Il en est de même du verbe subordonné à *on dirait*, *on croirait*. Ex. :

Il semble qu'aucune action n'*est* de soi tragique. (BAT.)

Il semble que mon cœur *veuille* se fendre en deux (SÉVIGNÉ.)

NOTA. Cependant, lorsque *il semble* n'est pas accompagné d'un régime indirect de personne, on peut toujours mettre le subjonctif. Ex. :

Il semble que nous nous *croyions* immortels. (BOURD.)

441. — Si la proposition subordonnée est liée à la précédente par une des locutions conjonctives *afin que*, *de peur que*, *à moins que*, *soit que*, *quoique*,

quelque .. que, *si... que*, etc., le verbe se met au dubitatif. Ex. :

Je vous fais appeler, afin que vous vous *disculpiez*.

Vous disculperez-vous ou non? L'un ou l'autre peut se faire. (Dubitatif.)

Nota.—*Tout... que* veut l'affirmatif.

442.—Le verbe de la proposition subordonnée à l'expression où figure l'un des mots *le plus*, *le mieux*, *le moins*, *le premier*, *le seul*, *peu*, etc., peut exprimer une action dont le résultat est douteux, et l'on met le plus souvent le dubitatif; c'est proprement un euphémisme. Ex. :

Les Lacédémoniens firent présent à Thémistocle *du plus* beau char *qui fût* dans la ville. (Ricard.)

Il y avait *peu* de ces termes bas, *dont* les grands *dédaignassent* de se servir. (Delille.)

443.— Si la proposition subordonnée est précédée d'une des locutions conjonctives *de façon que*, *de sorte que*, *de manière que*, *jusqu'à ce que*, etc., on met le verbe de cette proposition à l'affirmatif, si l'action est présente ou passée, et au dubitatif, quand il exprime une action future par rapport au premier verbe.

Cela vient de ce qu'on ne peut affirmer ce qui n'est pas encore, et qu'au contraire on peut affirmer ce qui est ou a été. Ex. :

Il attendait sa miséricorde et implorait son secours jusqu'à ce qu'il *cessa* enfin de respirer et de vivre. (Boss.)

Il faut persuader et faire vouloir le bien, *de manière qu'on le veuille* librement et indépendamment de la crainte servile. (Fénelon.)

444.— On emploie le dubitatif quand on exprime directement, 1° le désir, le souhait, parce que ce qu'on désire peut arriver ou ne pas arriver. Ex. :

Ah! *puissent* voir longtemps votre beauté sacrée
Tant d'amis sourds à mes adieux!
Qu'ils *meurent* pleins de jours, que leur mort *soit* pleurée!
Qu'un ami leur *ferme* les yeux! (Gilbert.)

2° La supposition, le commandement. Ex. :

Fussiez-vous Salomon, le plus sage de tous les hommes, vous auriez besoin de demander à Dieu un cœur docile. (Fénelon.)

En *rie* qui voudra. (Silvio Pellico.)

445. — Le dubitatif s'emploie toujours après *que*, mis pour *si*, ou employé pour exprimer le commandement devant une troisième personne. Ex. :

Il est évident que *si* c'est Dieu qui l'envoie et *que* ce *soit* au nom de Dieu qu'il parle, tout ce qu'il enseigne est vrai. (Bourdaloue.)

Que l'univers *se taise* et m'écoute parler ! (J.-B. Rouss.)

446. — Le verbe de la subordonnée à *commander* et *ordonner* se met au dubitatif ou au conditionnel : au dubitatif quand *l'ordre* ne s'applique qu'à une circonstance, à un cas particulier ; et au conditionnel, quand il s'agit d'une loi, d'une ordonnance officielle. Ex. :

Crésus ordonna qu'on *étalât* à ses yeux tous ses trésors. (De Barett.)

Lycurgue ordonna que tous les citoyens *mangeraient* à une table commune et frugale. (Id.)

Nota. Si le verbe *ordonner* était au présent, le futur remplacerait le conditionnel.

447. — Le verbe de la subordonnée aux verbes *se plaindre*, *se réjouir*, *s'étonner*, se met au dubitatif ; mais si la proposition est subordonnée au complément indirect de ces verbes *ce*, on emploie généralement l'affirmatif. Ex. :

Vous vous étonnez *de ce que* la colère de Dieu *croît* pour punir le genre humain, quand les péchés qu'il doit punir croissent de jour en jour. Vous vous plaignez *de ce que* l'ennemi vous fait sentir les maux de la guerre. (Fénelon.)

Montrez qu'il faut *se réjouir* que Dieu *ait donné* une telle puissance aux hommes. (Id.)

§ VI. — Emploi des temps du subjonctif.

448. — Pour savoir à quel temps il faut mettre un verbe employé au subjonctif, il y a ordinairement deux choses à considérer : 1° le temps du verbe de la proposition à laquelle le dubitatif est subordonné ; 2° le temps que l'on veut exprimer par rapport au moment de la parole, au moment actuel.

449. — 1° Si le verbe de la proposition à laquelle est subordonné le dubitatif est au présent ou au futur, il faut employer le présent du subjonctif, pour marquer un présent ou un futur, relativement au moment de la parole. Ex. :

Je doute, je douterai que vous *écoutiez*.

Remarque. — *On dirait, on croirait*, signifiant *il semble*, équivalent à un présent. Ex. :

On dirait que le ciel, qui se fond tout en eau,
Veuille inonder ces lieux d'un déluge nouveau. (Boil.)

2° Si le verbe de la proposition à laquelle est subordonné le dubitatif est au présent ou au futur, il faut employer le passé, pour marquer un passé par rapport au moment de la parole. Ex. :

Je doute, je douterai toujours que vous *ayez écouté*.

450. — Si le verbe de la proposition à laquelle est subordonné le dubitatif n'est ni au présent ni au futur, il faut employer l'imparfait pour exprimer un présent ou un futur relativement au moment indiqué par le premier verbe. Ex :

Xerxès *commanda* qu'on *donnât* trois cents coups de fouet à l'Hellespont. (Ricard.)

451. — Si le verbe de la proposition à laquelle est subordonné le dubitatif n'est ni au présent ni au futur, il faut employer le plus-que-parfait pour exprimer un passé par rapport au moment indiqué par le premier verbe. Ex. :

On ne *comptait*, au rapport de Pline, que trois peuples dans l'antiquité qui se *fussent rendus* célèbres par leurs progrès dans l'astronomie. (Id.)

Nota. — Le futur antérieur se rend au dubitatif par le passé.

Je ne pense pas que vous *ayez terminé* demain.

452. — Quand la proposition où figure le dubitatif est accompagnée d'une expression conditionnelle, c'est le temps du verbe de cette expression conditionnelle qui détermine le temps du subjonctif, quel que soit d'ailleurs le temps du verbe de la proposition principale.

1° Le verbe de l'expression conditionnelle est-il au présent, mettez le présent du subjonctif. Ex. :

Je doute qu'il *réussisse*, s'il n'*étudie* pas mieux.

2° Le verbe de l'expression conditionnelle est-il à l'imparfait, mettez l'imparfait du dubitatif. Ex. :

Je doute qu'il *réussît*, s'il n'*étudiait* pas mieux.

3° Le verbe de l'expression conditionnelle est-il au plus-que-parfait, mettez le plus-que-parfait du subjonctif, si vous voulez marquer un passé relativement au moment de la parole, et l'imparfait, si le fait est encore à venir. Ex. :

Je doute qu'il *ait réussi*, s'il *n'eût* pas mieux *étudié*.
Je doute qu'il *vînt*, s'il n'avait pas été *prévenu*.

453. — *Exception.* — Quand le verbe de l'expression conditionnelle est au passé indéfini, ce verbe n'a plus d'influence sur le temps du dubitatif, qui dépend alors du verbe de la proposition primordiale, comme dans la règle générale. Ex. :

Je doute qu'il *réussisse*, s'il *n'a* bien *travaillé*.
Je doute qu'il ait réussi, s'il n'a bien *travaillé*.

454. — De ce qui précède, nous tirerons cette conséquence : si l'expression conditionnelle se fait sans verbe, on peut employer le temps du dubitatif que l'on veut, attendu que l'on peut sous-entendre dans l'expression conditionnelle le temps que l'on juge à propos. Ex. :

Je doute qu'on *réussisse* sans étude (si l'on n'*étudie* pas.)
— qu'on *réussît* — (si l'on n'*étudiait* pas.)
— qu'on *ait réussi* — (si l'on n'*a* pas *étudié*.)
— qu'on *eût réussi* — (si l'on n'*avait* pas *étudié*.)
— qu'on *réussisse* — (si l'on n'*a* pas *étudié*.)

Cet exercice ne leur *apprend* rien que leur goût et la lecture ne leur *apprît* suffisamment *sans cela*. (Batt.)

C'est-à-dire, s'ils ne *s'y livraient pas*.

455. — Avec certaines locutions conjonctives, *quoique*, *afin que*, etc., on emploie le présent du dubitatif après un passé indéfini, si l'action du verbe au dubitatif a lieu dans tous les temps, ou au moins au moment de la parole. Ex. :

J'ai vécu long-temps ; et peut-être *ai je* assez *réfléchi* pour qu'on ne *puisse* m'accuser de préjugés. (J. Droz.)

§ VII. — De l'emploi de l'infinitif.

456. — L'infinitif se rapporte ordinairement au sujet du verbe personnel dont il dépend, à moins que la construction de la phrase n'indique évidemment un autre rapport. Ex. :

Pendant que *je* m'approche de toi, pour te *donner* de bons conseils et te *protéger* d'une ombre salutaire, tu me fais des menaces avec un visage farouche. (Ph. Lebas.)
Il nomma *six ministres* pour *observer* le ciel. (Id.)

Il est évident que *observer* est en rapport avec *ministres.*

357.—Si le rapport de l'infinitif n'était pas évident; s'il donnait lieu à quelque équivoque, à quelque obscurité, il faudrait se servir d'un autre mode; ainsi on ne dira pas : Cet empire est resté trop étranger aux révolutions de notre Europe pour nous *arrêter* long-temps sur ses destinées; car *arrêter* ne doit point se rapporter à *empire*, mais à *nous*, qui n'est point exprimé. On dira donc :

Cet empire est resté trop étranger aux révolutions de notre Europe pour que *nous nous arrêtions* long-temps sur ses destinées. (Ph. LEBAS.)

458.—On rencontre certaines phrases consacrées par l'usage, mais assez rares, où le mot auquel se rapporte l'infinitif est sous-entendu. Il faut alors que l'esprit puisse le suppléer facilement. Ex. :

La bonne comédie est celle qui fait *rire*. (ANDR.)

C'est-à-dire qui fait *que nous rions*.

Mais changeant d'attributs, par un honteux délire,
Thalie a fait *pleurer*, Melpomène a fait rire.
(La comtesse d'HAUTPOUL.)

§ VIII. — Du participe présent.

459.— Le participe présent reste toujours invariable, mais il peut devenir adjectif verbal, et l'adjectif verbal est variable. Toute la difficulté consiste donc à savoir distinguer l'un de l'autre.

460.—RÈGLE GÉNÉRALE.—Le participe présent exprime quelque chose de momentané, de passager, qu'on ne regarde pas comme inhérent au sujet; une action ou un état qu'on envisage en un certain moment. Ex. :

Mes ennemis *riant* ont dit dans leur colère :
Qu'il meure et sa gloire avec lui. (GILBERT.)

461.—L'adjectif verbal exprime quelque chose de durable, de permanent, d'inhérent au sujet, et forme, dans le plus grand nombre de cas, une espèce. Exemples :

Nous ressemblons tous à des eaux *courantes*. (BOSS.)
On tient dans les compagnies des postures *choquantes*.

Après avoir donné le principe général qui doit

nous guider, nous allons donner quelques règles particulières qui en rendront l'application plus facile.

462. — Tout qualificatif en *ant*, appartenant à un verbe transitif, est participe, s'il conserve son régime direct ; et adjectif verbal, s'il ne le conserve pas. Ex. :

Non moins industrieux qu'*entreprenants*, les Phéniciens ont inventé les voiles des vaisseaux. [Em. LEFRANC.]

Les Grecs vivaient encore dans l'état sauvage, ne *se nourrissant* que de feuilles vertes, d'herbes et de racines. (Id.)

463. —Tout qualificatif en *ant*, joint à d'autres qualificatifs, soit participes, soit adjectifs, devient par cela même adjectif. Ex. :

Mais toujours leur raison, *soumise et complaisante*,
Au devant de leurs yeux met un voile imposteur.
(J.-B. ROUSSEAU.)

464. — Tout qualificatif en *ant*, précédé de *en*, est invariable, à moins que *en* ne soit mis pour *comme*, auquel cas le qualificatif devient substantif, et est conséquemment variable. Ex. :

La Grèce et le duché d'Athènes se consolent, en l'*écoutant*, de ne plus ouïr l'harmonieux langage des Hellènes. (DE MARCHANGY.)

C'est à toi que nous venons, *en suppliants*, demander quelques secours. (ROCHEFORT.)

C'est-à-dire, *comme des suppliants*.

465. —Lorsque le qualificatif en *ant* est accompagné d'un complément circonstanciel, il est participe, si ce complément est placé après ; et adjectif, dans le cas contraire. Ex. :

Après la prise de Corinthe, on transporta à Rome les quatre chevaux de bronze, ouvrage de Lysippe, *encore existants*. (Em. LEFRANC.)

Des monuments *existant encore* en Nubie attestent ses conquêtes. (Ph. LE BAS.)

466. —REMARQUE. —Le qualificatif en *ant*, employé comme substantif déterminé, est toujours variable. Ex. :

Les anciens *habitants* furent réduits à la condition de sujets. [E. LEFRANC.]

467. —APPENDICE. —Un grand nombre de partici-

pes présents changent d'orthographe en devenant adjectifs verbaux, comme :

Participes.	*Adjectifs verbaux.*
Adhérant,	Adhérent.
Affluant,	Affluent.
Convainquant,	Convaincant.
Différant,	Différent.
Divergeant,	Divergent.
Equivalant,	Equivalent.
Excellant,	Excellent.
Extravaguant,	Extravagant.
Fabriquant,	Fabricant.
Fatiguant,	Fatigant.
Intriguant,	Intrigant.
Négligeant,	Négligent.
Précédant,	Précédent.
Seyant,	Séant.
Suffoquant,	Suffocant.
Vaquant,	Vacant.
Violant,	Violent.

Exemples :

Il fallut beaucoup moins que l'*équivalent* de ce discours pour entraîner des hommes grossiers. (J.-J. ROUSSEAU)

C'est ainsi que les plus puissants et les plus misérables, se faisant de leur force ou de leurs besoins une sorte de droit au bien d'autrui, *équivalant*, selon eux, au droit de propriété, l'égalité rompue fut suivie du plus affreux désordre. (Id.)

§ IX. — Du participe passé.

468.—Le participe passé étant adjectif, s'accorde en genre et en nombre avec le mot qu'il qualifie.

Il y a trois cas à considérer : 1° participe passé sans auxiliaire ; 2° participe passé avec l'auxiliaire *être* ; 3° participe passé avec l'auxiliaire *avoir*.

469. — 1° Si le participe passé est employé sans auxiliaire, l'accord a toujours lieu Ex. :

De mes vers *consacrés* au temple de mémoire,
Muse, parmi les Grecs, fais éclater la gloire. (RICARD)

470 —2° Employé avec l'auxiliaire *être*, le participe s'accorde également avec le mot qu'il qualifie, c'est-à-dire avec le sujet. Ex. :

On le transporte à l'hospice, et tous les *secours* lui *sont prodigués* ; mais les *sources* de la vie *étaient épuisées*.
(Aimé MARTIN.)

471.—Si le participe est accompagné de l'auxiliaire *avoir*, il peut arriver deux cas : ou le mot qualifié (complément direct) est avant le participe, et alors il y a accord ; ou il est après, et il n'y a plus d'accord.

Même règle pour les verbes accidentellement pronominaux, dans lesquels le verbe *être* est employé pour *avoir*. Ex. :

Les noms que l'on a *donnés* aux constellations, et les figures que l'on a *cru que les étoiles dessinaient* dans le ciel, sont le fruit de l'imagination poetique des Grecs.
(P. J.-B. NOUGARET.)

Quel cœur, quel respect, quelle soumission n'a-t-elle pas *eus* pour le roi. (BOSSUET.)

Des enfants se *sont vu accabler* de caresses. On *les a traités* de dauphines, de princesses, de petits rois et de petites reines. (*Leçons de la Sagesse*.)

Quelle *guerre* intestine *avons-nous allumée* ?
Les a-t-on vus marcher parmi vos ennemis ? [RAC.]

Ils s'étaient particulièrement *appliqués* à étudier le mouvement des astres. (GOGUET.)

Dix-huit *ans s'étaient passés* au milieu de sa solitude.
(FÉNELON.)

Voilà le but que nous nous *sommes proposé*.
(PICQUENARD.)

472.—Remarquez que dans les verbes essentiellement pronominaux, le second pronom est le mot qui se présente comme l'objet, l'être qualifié, et que, par conséquent, c'est lui qui détermine l'accord du participe. Il faut en excepter *s'arroger*, dont le participe ne s'accorde jamais avec le second pronom. Ex. :

Le prophète et le prêtre *s'en sont enfuis* en terre inconnue. (FÉNELON.)

Après avoir exposé l'état des tribunaux établis dans le Bengale pour l'administration de la justice, les bornes de leur juridiction, et le pouvoir *qu*'ils se *sont arrogé*, nous allons faire quelques réflexions sur cette matière, en les appuyant par des faits. (RAYNAL.)

473.—Si les participes *attendu*, *entendu*, *excepté*, *supposé*, *vu*, etc., sont employés sans auxiliaire, il faut avoir soin de voir s'ils ont le sens actif ou le sens passif, c'est-à-dire s'ils sont suivis d'un complément direct ; dans ce cas, il n'y a point d'accord ; mais s'ils n'ont qu'un complément indirect, ils doivent s'accorder avec un des mots de la phrase. Ex. :

Entendus et acceptés ainsi par celui qui les a reçus, ils ne peuvent être entendus et exécutés autrement par ceux de qui on les a exigés. (DE PEYRONNET.)

Les voici ces nouveaux conquérants, qui viennent sans armes, *excepté* la croix du Sauveur. [FÉNÉLON.]

474.— Le participe *fait* devant un infinitif est toujours invariable, parce que la chose *faite* est l'action exprimée par l'infinitif. Ex. :

On s'irrite sur des discours que le hasard a *fait* naître, ou que l'inimitié ne dicte point. (*Leçons de la Sagesse.*)

475. — Le participe passé du verbe *laisser* suit la règle des autres participes accompagnés de l'auxiliaire *avoir* ; mais lorsqu'il est suivi d'un infinitif, on ne voit pas toujours clairement s'il a pour complément direct cet infinitif ou le pronom qui le précède.

On reconnaîtra mécaniquement que ce pronom est complément du participe, lorsqu'il sert de sujet à l'infinitif ; et qu'il est complément de l'infinitif, quand il ne peut pas en être le sujet. Dans le premier cas, accord du participe avec le pronom; dans le second, non-accord, puisque le mot qualifié est l'infinitif qui vient après. Ex. :

Dieu n'a pas révélé ses jugements aux Gentils, et il les a *laissés* errer dans leurs voies. (PASCAL.)

D'autres se sont *laissé* emporter au vent de la cour. (MÉZERAY.)

476.—Le verbe intransitif n'ayant jamais de complément direct, son participe restera toujours invariable, ainsi que celui du verbe unipersonnel, lorsqu'ils seront accompagnés de l'auxiliaire *avoir*, ou de l'auxiliaire *être* mis pour *avoir*. Ex. :

Depuis quelque temps les pertes *s'étaient succédé* dans sa famille. (E. SOUVESTRE.)

C'est contre ce but que les minorités *ont conspiré* sans cesse dans tous les temps. (G. MASUYER.)

477.— 1° REMARQUE. — Les participes des verbes neutres pronominaux *se douter*, *s'échapper*, *se pré-*

valoir, s'accordent comme ceux des verbes essentiellement pronominaux. Ex. :

Rappelez-vous comme à ce moment *se sont échappés* de vos yeux les pleurs que vous aviez besoin de répandre.
(LAHARPE.)

478.—Le pronom complément direct d'un verbe étant précédé d'un substantif régime de l'expression *le peu*, peut être en rapport avec le substantif lui-même ou avec *le peu*. De là la variabilité ou la non-variabilité du substantif.

Si l'on peut retrancher *le peu* sans dénaturer en rien le sens, c'est qu'il n'est pas absolument nécessaire à la phrase, et le pronom est en rapport avec le substantif. Ex. :

Il doit à sa persévérance le peu de science qu'il a *acquise*.

Le sens est évidemment le même si je dis : Il doit à sa persévérance la science qu'il a acquise.

Si au contraire la suppression de *le peu* forme une phrase qui ne se dit pas ou qui n'a plus le même sens, c'est que *le peu* est nécessaire, et c'est ce mot qui détermine l'accord. Ex. : Il doit à son apathie le peu de progrès qu'il a *fait*. — Je ne puis dire raisonnablement : Il doit à son apathie les progrès qu'il a *faits*.

NOTA. Il est bien entendu que si *le peu* suivi d'un complément figure comme sujet, on observera la même règle pour l'accord du verbe. Ex. :

Ton peu de persévérance te sera *comptée* comme un mérite.

CHAPITRE VI.

SYNTAXE DE L'ADVERBE.

479. — Quoique les adverbes soient des mots invariables de leur nature, quelques-uns présentent cependant certaines difficultés de syntaxe : 1° plusieurs adverbes composés s'écrivent de différentes

manières, selon le sens qu'on y attache; 2° il en est qui dans l'usage se confondent à tort avec certaines prépositions correspondantes, ou avec d'autres mots; 3° enfin il y en a d'autres qui s'emploient à tort les uns pour les autres.

§ I.

480. — *De bonne heure, de bonheur.* — Le premier signifie *à une heure peu avancée*; il a rapport au temps. Le second signifie *avec succès, heureusement;* il éveille une idée de prospérité. Ex. :

Nous arriverons *de bonne heure.*
Nous avons joué de bonheur.

C'est-à-dire, nous avons joué *heureusement*, nous avons été *heureux* au jeu. Si l'on disait :

Nous avons joué *de bonne heure.*

Cela signifierait : *nous nous sommes mis au jeu à une heure peu avancée.*

481. — *Plutôt, plus tôt.* — Le premier signifie *préférablement;* et le second signifie *plus vite, de meilleure heure*; il a toujours rapport au temps. Ex. :

Que mon malheur vous serve *plutôt* à faire éclater votre vertu qu'à satisfaire votre vengeance. (RICARD)

Aujourd'hui une difficulté nous fait de la peine, et elle n'est pas *plus* tôt résolue, qu'un autre doute vient bientôt s'élever. (BOURDALOUE)

REMARQUE. Dans le cas où, comme dans ce dernier exemple, *ne pas plus tôt* signifie *à peine*, l'Académie écrit *plutôt*. Mais un petit nombre d'auteurs suivent cette règle de l'Académie.

§ II.

482. — N'employez jamais, comme on le fait quelquefois à tort, les adverbes *alentour, auparavant, davantage, dedans, dessous, dessus, dehors,* pour *autour, avant, plus, dans, sous, sur, hors,* lorsque ces mots doivent être complétés soit par un substantif, soit par une proposition subordonnée. On dira donc :

Jeunes amis, dansez autour de cette enceinte. (V. HUGO.)

Et l'on ne dira plus comme Lafontaine :

Fait résonner sa queue *à l'entour* de ses flancs...
L'attirail de la mort *à l'entour* de son corps....

Il faudrait dire aujourd'hui *autour de*.

Cependant, s'il y a opposition, on peut employer comme préposition *dedans*, *dehors*, *dessus*, *dessous*. Ex. :

Mille objets de douleur déchiraient mes entrailles :
J'en voyais et *dehors* et *dedans* nos murailles. [RACINE.]

On dira également bien :

Les traces des révolutions deviennent plus imposantes, quand on se rapproche *davantage* du pied des grandes chaînes. (CUVIER.)

Parce que *du pied* est le complément du verbe, et non pas de *davantage*.

483.— *A l'envi, à l'envie.* — Le premier signifie *mutuellement, en rivalisant*; le second est un substantif qui peut se remplacer par d'autres mots équivalents comme *à la jalousie*, *au désir*. Ex. :

Ils se déchirent *à l'envi* — mutuellement.
Il ne faut pas céder *à l'envie* — à la jalousie.
Résistez *à l'envie* de sortir — au désir.

484.— *Davantage* qui signifie *plus*, ne doit pas s'employer pour *le plus*. Ex.: *Voilà le travail que j'estime le plus*, et non *davantage*.

REMARQUE.— Ne confondez pas *davantage*, adverbe, et *d'avantage*, substantif. Le premier signifie *plus*, comme nous l'avons dit; le second peut se remplacer par un substantif équivalent précédé de *de*. Ex. :

Dans cette vue, ils construisirent des édifices dont l'élévation leur donnait beaucoup plus *d'avantage*. (GOG.)

C'est-à-dire *de facilité*, *de commodité*.

Il en faut accuser l'homme, toujours plus avide du pouvoir, à mesure qu'il en a *davantage*. (MONT.)

C'est-à-dire, *plus*.

§ III.

485.— *Si, aussi, tant, autant.*— *Si*, *tant*, marquent l'extension. Ex. :

Jamais nation ne prépara la guerre avec *tant* de prudence, et ne la fit avec *tant* d'audace. (MONT.)

Aussi, *autant*, marquent la comparaison. Ex. :

A leur tête est le chien, aimable *autant* qu'utile. (DEL.)

486.— Au lieu de *aussi*, *autant*, on peut employer *si* et *tant* pour exprimer la comparaison, mais seulement dans les propositions négatives. Ex. :

Il me semble que cet avantage n'était pas pour lors *si* grand qu'il le serait aujourd'hui. (MONT.)

487.— *Si*, *aussi*, ne s'emploient qu'avec les adjectifs et les adverbes. Ex. :

Charles VIII était *si bon* qu'il n'était pas possible de voir meilleure créature.

Tant, *autant*, se disent avec les autres mots. Ex. :

Je me tiens *autant honorée* par votre estime que par la couronne que j'ai portée. (La reine CHRISTINE.)

488.— *Tout-à-coup*, *tout d'un coup*.—*Tout-à-coup* signifie *sans y penser*, *subitement*.

Mais quels transports involontaires
Saisissent *tout-à-coup* mes esprits agités ? (J.-B. ROUSS.)

Tout d'un coup signifie *en une seule fois*. Ex. :

Ne disons plus que la mort a *tout d'un coup* arrêté le cours de la plus belle vie du monde. (BOSSUET.)

§ IV. — De la négation.

489.—Dans la proposition principale, la négation est *ne*, suivi, selon les cas, des mots *pas*, *point*, *aucun*, *nul*, *jamais*, *personne*, *que*, etc., ou bien *ni* répété. Ex. :

La mort *n*'est *qu*'un court sommeil. [FÉN.]
Ni l'or *ni* la grandeur ne nous rendent heureux. [LAF.]

490. — REMARQUE. — On emploie *ne* seulement, dans la proposition interrogative commençant par *que* mis pour *pourquoi*. Ex. : *Que ne* le disiez-vous? *Que ne* faites-vous vos devoirs? Mais si *que* est le pronom interrogatif, mis pour *quelle chose*, on emploie *ne pas*, *ne point*, etc. Ex. :

Que n'allègue-t-il *pas* pour sa défense ?

491.— On emploie la négation *ne* devant le verbe de la proposition subordonnée aux verbes *empêcher* et *il tarde à*. Ex. :

Les pourparlers n'*empêchaient* pas, quand on en venait aux mains, qu'on *ne* se battît avec acharnement. (ANQ.)
Il me tarde déjà *que* vous *ne* l'occupiez. (RAC.)

492.—Le verbe de la proposition subordonnée à *plus*, *mieux*, *moins*, *autre*, *autrement*, est accomnié de *ne*, pourvu que la première proposition ne soit pas négative ; et, si celle-ci est négative, on n'emploie pas *ne* dans la subordonnée. Ex. :

Il arrive dans toutes les alliances que l'on fournit à la longue beaucoup *moins qu*'on n'avait promis. (VOLT.)

Aucun roi *ne* sera jamais *plus* résolu *que je l'étais* à réprimer l'emportement et les abus de la victoire. (MARMONTEL.)

493. — Le verbe de la proposition subordonnée à *désavouer*, *désespérer*, *disconvenir*, *douter*, *contester*, *se dissimuler* (et non *dissimuler*), *nier*, *il tient à*, *il dépend de*, *il s'en faut*, prend la négation, si ces verbes sont eux-mêmes négatifs ou interrogatifs; mais dans le cas contraire, la subordonnée ne prend pas la négation. Ex. :

On peut *douter* néanmoins *que* toutes ces connaissances fussent bien anciennes chez les Chaldéens. (GOG.)

Il *ne tiendra donc pas* à son ressentiment *que* Mardochée ne périsse avec toute sa nation. (*Leçons de la Sagesse.*)

Peu s'en faut qu'elle *ne* les rende aussi vains que si elle leur était personnelle. (ID.)

494. — Quelquefois, après les verbes *nier*, *douter*, etc., négatifs ou interrogatifs, on emploie le positif, pour exprimer une action absolument vraie; alors le verbe de la subordonnée ne prend pas la négation. Ex. :

On *ne peut nier* que *c'est* assez mal établir la durée du monde que d'en prendre la base dans la vie humaine. (CHATEAUBRIAND.)

Il *ne faut point douter qu*'il *fera* ce qu'il peut. (MOL.)

495. — Le verbe de la proposition subordonnée aux expressions qui signifient *la crainte* ou *la restriction*, comme les verbes *craindre*, *avoir peur*, *trembler*, *appréhender*, etc., et les locutions *de peur que*, *de crainte que*, *à moins que*, etc., prend *ne* seulement, si l'on veut marquer qu'on redoute l'accomplissement de l'action dont il s'agit; et *ne pas*, *ne point*, si l'on veut marquer qu'on désire cet accomplissement. Ex. :

Ces paroles firent *craindre* à Eurybiade *que* les Athéniens n'eussent la pensée d'aller s'établir ailleurs. (RIC.)

Les Phéniciens s'imposaient la loi de cacher le secret de leurs longs voyages maritimes, *de peur qu'on n'en* partageât le profit. (EM. LEFRANC.)

7.

EXCEPTION. Si les verbes *craindre*, etc., sont négatifs ou interrogatifs, l'emploi de *ne* cesse d'avoir lieu dans la subordonnée. Ex. :

*Pouvons-nous craindre qu'*il nous les refuse, lorsque nous lui ferons cette demande qu'il attend ? (FÉN.)

496.— Le verbe de la proposition subordonnée à *prendre garde*, *garder*, *se garder*, est toujours accompagné de *ne*, excepté quand ces verbes signifient *observer*. Ex. :

*Gardez qu'*un fol orgueil *ne* vous vienne enfumer. (BOIL.)

On ne *prend pas garde* que tous ces principes *vont* à rendre le droit de régale commun à tous les rois. (HÉN.)

497.— REMARQUES.— 1° *Jamais* est négatif quand il signifie *en aucun* temps, et affirmatif, quand il signifie *quelquefois*. Ex. :

On *n'*offense *jamais* plus les hommes que lorsqu'on choque leurs cérémonies et leurs usages. [MONTESQUIEU]

On vit s'élever une nation puissante, la plus glorieuse qui fut *jamais*. (J. Ch. LAVEAUX.)

2° *Rien* est négatif, quand il signifie *nulle chose*; et affirmatif, quand il signifie *quelque chose*. Ex. :

Rien ne parut trop vil ni trop humiliant à la barbare Sparte, pour arrêter les progrès de sa rivale. [LAV.]

Est-il *rien* de plus beau que la vertu ?

498.— Le verbe de la subordonnée aux locutions conjonctives *avant que*, *sans que*, *loin que*, et au verbe *défendre*, se construit ordinairement sans négation. Ex. :

Les quatre fils de Clovis succédèrent à son titre comme à ses domaines, *sans que* personne songeât à contester ce droit à aucun d'eux. (ANSART.)

Lui-même en mesura le nombre et la cadence,
Défendit qu'un vers faible y pût jamais entrer. (BOIL.)

499.— NOTA.— Quelquefois on fait l'ellipse de *sans* et de *avant*, et *que* est suivi de la négation. Ex. :

Ce sont des brutaux qu'on ne peut toucher, même sans le savoir, *qu'on ne* les offense. [*Leçons de la Sagesse.*]

Il ne faut pas, disait mon père, que les enfants s'appliquent sérieusement, *que* le temps *n'*ait un peu mûri leur esprit. (LESAGE.)

CHAPITRE VII.

SYNTAXE DE LA PRÉPOSITION.

300. — *A l'égard de*, *envers* ne doivent jamais se remplacer par *vis-à-vis*. Dites donc : il s'est bien conduit *envers* son frère, *à l'égard* de son frère, et non pas *vis-à-vis* de son frère.

Mais dites *placez-vous* VIS-A-VIS *de moi*, pour signifier *en face de* moi ; car cette locution prépositive *vis-à-vis de* ne signifie que *en face de*.

301. — *Auprès de*, *près de*. — La première de ces prépositions marque l'assiduité, l'attachement, l'affection, outre l'idée de proximité : *près de* ne marque que la proximité. Ex. :

Près du canard ordinaire et du canard musqué doivent venir se placer un jour plusieurs autres oiseaux du même groupe. (*Magasin pittoresque*.)

Il succombe enfin, et Zuléïka expire de douleur *auprès de* lui. (LOUISE SW. BELLOC.)

302. — *Au travers* est toujours suivi de *de*; et *à travers* se construit sans préposition. Ex. :

Mais *à travers* ce faste on voit toujours percer
D'un sordide intérêt le signe indubitable. [RICARD.]

Comme la nature est vivante et belle aux yeux du malheureux qui la contemple *au travers des* grilles d'un cachot ! [LOUISE SW. BELLOC.]

303. — *Entre*, *parmi*. — *Entre* ne peut s'employer qu'avec deux compléments unis par *et* ou avec un complément du pluriel. Ex. :

Ce n'est point là présentement le sujet dont il s'agit *entre lui et moi*. (BOURDALOUE.)

Entre les quatre points cardinaux, on en a imaginé quatre autres qui se nomment points collatéraux. (POULAIN DE BOSSAY.)

Parmi ne peut être suivi de deux compléments singuliers, car il réveille toujours une idée de confusion, de mélange avec un certain nombre d'objets; son ou ses compléments doivent donc être des noms pluriels, ou au moins un collectif. Ex. :

O Français, louez Dieu. Vous voyez un roi juste,
Un Français de plus *parmi vous*. (V. Hugo.)
Parmi ces bois et ces hameaux,
C'est là que je commence à vivre. (Chaul.)

504.—Remarque.—*Entre*, suivi d'un pronom personnel du pluriel, exprime la réciprocité. Ex. :

Célébrons *entre nous* un jour si glorieux.
(J.-B. Rousseau)

505.—Les prépositions *à*, *de*, *en*, doivent toujours être répetées devant chaque complément. Ex. :

On dut la victoire autant *à* la valeur et *au* courage des soldats, qu'*à* la prudence et *à* l'habileté de Thémistocle.
(Ricart.)

CHAPITRE VIII.

SYNTAXE DE LA CONJONCTION.

§ I. — Conjonctions proprement dites.

506.—*Et, ni.*—*Et* s'emploie dans les phrases affirmatives ; *ni*, dans les phrases négatives, pour unir des parties de phrases semblables, soit sujets, soit compléments, soit propositions. Ex. :

Bernardin revint de ce voyage, *dégoûté* de la mer et presque *désenchanté* (Notice sur Bern. de St.-Pierre.)

Il ne craint point *l'inconstance* de la fortune *ni les caprices* du sort. (Oxenstiern.)

507.—Au lieu de cette construction : *je n'ambitionne pas les honneurs ni les richesses*, on supprime ordinairement *pas*, et on le remplace par *ni*, qui se trouve alors répété. Ex. :

Je n'ambitionne *ni* les honneurs, *ni* les richesses.

508. — Lorsque plusieurs compléments sont sous la dépendance de la préposition *sans*, on les unit par *et* si l'on répète la préposition ; et on les unit par *ni*, si elle ne se trouve pas répetée. Ex. :

Athènes, vaine de son ancienne grandeur, aveuglé sur sa faiblesse actuelle, admira Philippe *sans* le pénétrer *ni* le craindre. (J. Ch. Laveaux.)

Il attend la mort *sans* la désirer *et sans* la craindre.
(Oxenstiern.)

509. — *Deux* membres de phrase commençant par *plus*, *mieux*, *moins*, *autant*, ne doivent pas être unis par *et* malgré les exemples qu'on en trouve.

Plus nous réfléchirons sur notre intolérance, *plus* nous la trouverons déraisonnable, injuste, indécente, odieuse. (*Leçons de la Sagesse.*)

§ II. — Conjonctifs.

510. — Rappelons-nous que les conjonctifs sont *si*, *que*, et les composés de *que*. *Si* ne donne lieu à aucune remarque ; mais nous donnerons quelques observations sur le rôle de *que* et de ses composés.

511. — 1° *Que* peut être en rapport avec un substantif, un pronom, un adjectif, et, dans tous ces cas, il est pronom, remplissant dans la subordonnée dont il est le premier mot le même rôle qu'y rempliraient les mots dont il tient la place. Ex. :

Parmi les nombreuses *colonies que* les Phéniciens établirent sur les côtes de l'Europe et de l'Afrique, Carthage devint la plus célèbre. (J. Ch. Laveaux)

Que pour *colonies*, complément direct de *établirent* ; ils établirent des colonies.

Ce serait une chose très-curieuse sans doute *que* l'histoire des découvertes des Phéniciens. [Id.]

C'est-à-dire *ce que* (serait) l'histoire des découvertes des Phéniciens serait une chose, etc. — *Que* mis pour *ce*, attribut de *histoire*.

Il donna à l'assemblée générale du peuple le droit de décider toutes les affaires, *telles que* la paix, la guerre, les alliances, les lois, les finances. (Id.)

C'est-à-dire *telles que* (sont) la paix, etc. — *Que* mis pour *telles*, attribut de la subordonnée.

512. — 2° *Que* peut être en rapport avec un adverbe, et il en tient la place dans la subordonnée. Ex. :

Il est *aussi* instruit *que* son frère. — C'est-à-dire, son frère est *aussi* instruit.

513. — 3° *Que* peut n'être qu'un simple signe de liaison, un simple conjonctif, liant la subordonnée au mot vague *ceci* exprimé ou sous-entendu, ou à un substantif précédé d'un adjectif démonstratif. Ex. :

Il y avait *ceci* de particulier chez les Romains, *qu*'ils mêlaient quelque sentiment religieux à l'amour qu'ils avaient pour la patrie. [Montesquieu]

Retenez bien *cette vérité*, *qu*'on ne peut être heureux sans la vertu.

On voit par ces exemples que le conjonctif simple pourrait se supprimer et être remplacé par *deux points*. Néanmoins, il n'est pas inutile, puisqu'il subordonne, dans la forme comme dans la pensée, la seconde proposition à la première.

514.—*Conclusion*.—Toutes les fois que le conjonctif a un antécédent particulier exprimé ou sous-entendu, ce conjonctif ne peut être autre que *que*. On dira donc : cet homme est *aussi* juste *que* vous.

L'usage ne permet plus de dire comme Corneille:

Tendresse dangereuse *autant comme* importune,

Il faut dire : *autant que*.

515. — *Que* peut cesser d'être conjonctif ; c'est alors un simple adverbe ayant le sens de *combien*. Ex.:

O paix, ô longue paix, *que* vous êtes amère, vous dont la douceur a été si long-temps désirée ! (FÉNÉLON.)

516.—*Parce que* et *par ce que*. — Le premier signifie *attendu que*. Ex. :

Vous trouvez tous les autres intraitables, *parce que vous* l'êtes. [*Leçons de la Sagesse*.]

Par ce que signifie *par les choses que*. Ex. :

Je ne considère ici cette disposition *que par ce qu*'elle a de contraire au repos de la vie. (Id.)

517.—*Quoique, quoi que*. — *Quoique* signifie *bien que*. Ex. :

Et néanmoins, ajoutez-vous, Seigneur, ô Vierge d'Israël, ô mon épouse, *quoique* tu aies livré ton cœur aux créatures, *quoique* tu sois ingrate et infidèle, *quoique* je sois jaloux, reviens, et je te recevrai. [FÉNÉLON.]

Quoi que signifie *quelque chose que*. Ex. :

Quoi qu'il en soit, il reçut une éducation guerrière, dont il ne tarda pas à montrer les avantages (Emile LEFRANC.)

NOTA.—On dirait, en écrivant *quoique* en un seul mot : *quoiqu*'il en coûte beaucoup à notre amour-propre, avouons-nous faibles ; car on ne peut dire *quelque chose qu*'il en coûte beaucoup, etc.

Quand, quant. — *Quand* signifie *lorsque*, *à quelle époque*. Ex. :

Quand il s'agit de penser mal, on ne doit se déterminer que sur l'évidence. (Leçons de la Sagesse.)

Quant, que l'on ne rencontre que suivi de *à* (*quant à*), signifie *pour ce qui est de*; il peut toujours se remplacer par *pour*. Ex. :

Quant à la race africaine, perdue au milieu des sables de ses déserts, elle n'a laissé presque aucune trace de ses destinées. [Ph. LEBAS.]

CHAPITRE IX.

SYNTAXE DE L'INTERJECTION.

518. — Parmi les interjections, trois seulement offrent quelque difficulté pour l'orthographe, ce sont : *ah*! *eh*! *oh*! qu'on peut écrire aussi : *ha*! *hé*! *ho*! et *ô*!

L'*h* se met après la voyelle, quand on veut exprimer un sentiment profond, qui émeut fortement notre âme. Ex. :

Eh! que ne pouvons-nous épargner l'un et l'autre!

L'*h* se met devant la voyelle lorsque l'interjection n'exprime qu'un mouvement passager, comme la surprise, l'impatience, etc., lorsqu'aucune impression n'émeut fortement notre âme. Ex. :

Ho! ho! je te reconnais; tu n'es qu'un composé du singe et du perroquet que j'ai vus autrefois. (FÉN.)

Hé quoi! votre haine chancelle! (RAC.)

On écrit aussi *ô* sans *h* devant les mots mis en apostrophe. Ex. :

O soupirs! *ô* respect! *ô* qu'il est doux de plaindre
Le sort d'un ennemi quand il n'est plus à craindre! (CORN.)

O nuit désastreuse! *ô* nuit effroyable! [BOSSUET.]

On emploie encore *ô* pour *oh*! devant *que* et *si*, exclamatifs. Ex. :

O que la nuit est longue à la douleur qui veille!
(SAURIN.)

O si je vivais, disent-ils, dans la retraite, et que je n'eusse à penser qu'à moi-même! *ô* si je ne voyais plus tant de monde, et que je pusse ne m'occuper que de Dieu!

CHAPITRE X.

DES MAJUSCULES.

519 — Les *majuscules*, comme l'indique leur nom, sont des lettres *un peu plus grandes* que les autres ; on les appelle aussi lettres *majeures* ou *grandes* lettres. On doit écrire avec une majuscule :

1° Tout substantif propre, quel qu'il soit.

La *Seine* a des *Bourbons* ; le *Tibre* a des *Césars* [BOIL.]

2° Le premier mot de chaque phrase. Ex. :

Calypso ne pouvait se consoler du départ d'Ulysse. *Dans* sa douleur, elle se trouvait malheureuse d'être immortelle. *Sa* grotte ne résonnait plus de son chant. [FÉN.]

3° Le premier mot de chaque vers. Ex. :

Pourquoi bondissez-vous sur la plage écumante,
Vagues dont aucun vent n'a creusé les sillons ?
Pourquoi secouez-vous votre écume fumante
En légers tourbillons ? (DE LAMART.)

4° Le premier mot d'une citation textuelle, qui, ordinairement est precédée et suivie de guillemets. Ex. :

Solon leur écrivit en ces termes : « Vous avez grand tort d'accuser les dieux de votre mauvaise fortune. »
(FÉNÉLON.)

5° Les noms des êtres inanimés, lorsqu'on les personnifie. Ex. :

Au pied du trône était la *Mort*, pâle et dévorante, avec sa faulx tranchante qu'elle aiguisait sans cesse. Autour d'elles volaient les noirs *Soucis*, les cruelles *Défiances* ; les *Vengeances*, toutes dégouttantes de sang et couvertes de plaies ; les *Haines* injustes, l'*Avarice* qui se ronge elle-même.... (FÉN.)

6° Les substantifs formant le titre d'un ouvrage quelconque. Ex :

La Fontaine mettait le *Chêne et le Roseau* au rang de ses meilleures fables. [BATTEUX.]

Nous osons décerner la palme à celui qui a pour titre le *Paradis* perdu. [M. J. CHÉNIER]

FIN.

ADAM D'AUBERS, imprimeur.

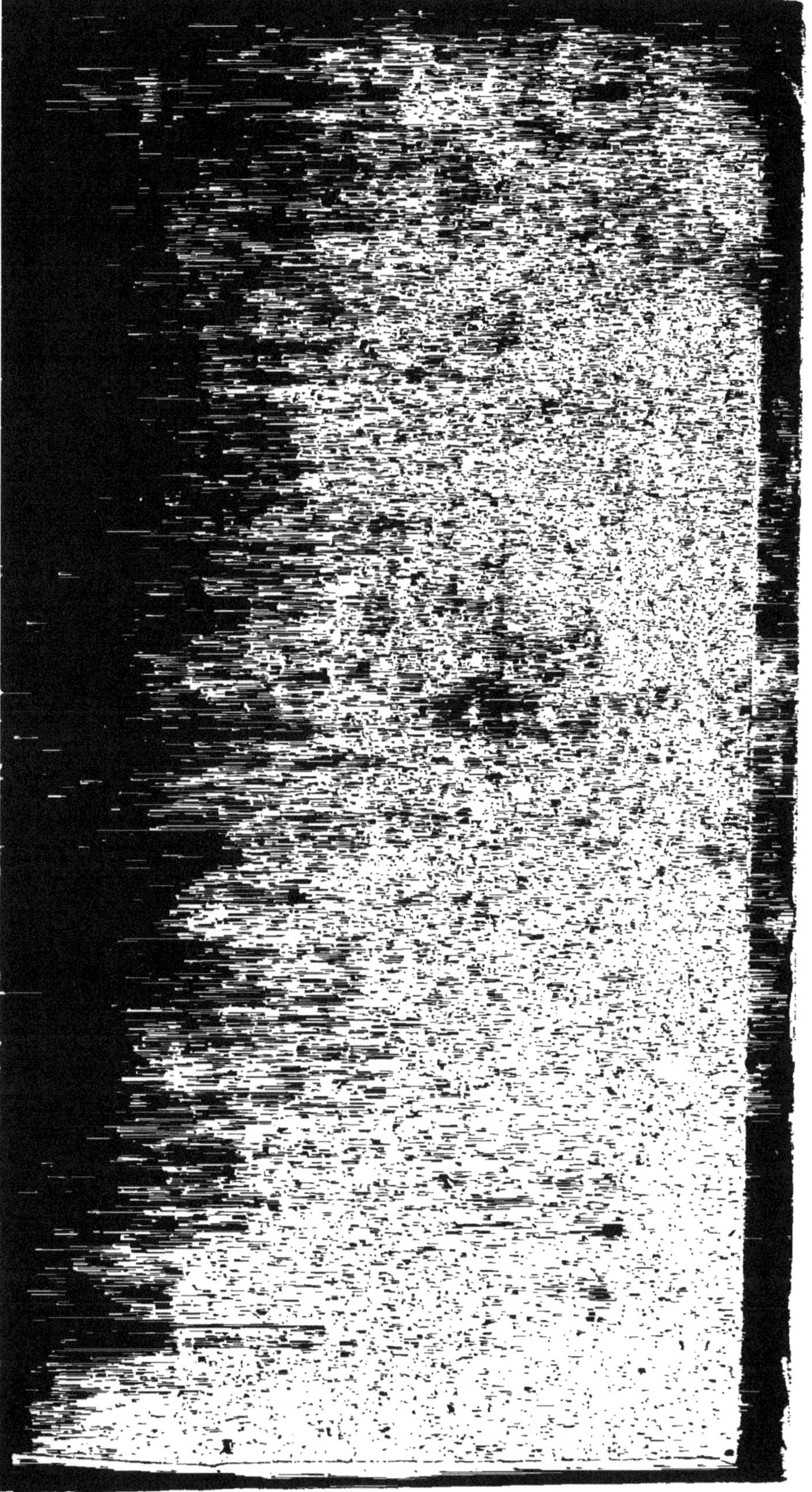

En vente au bureau de l'INSTITUTEUR :

RUE DES PROCUREURS, 12, DOUAI.

LES REGISTRES (nouveaux modèles) pour les classes : 1° Registres d'appel ; 2° d'ordre ; 3° d'inscription des élèves ; et 4° notes trimestrielles. . . . . 4 »»

THÈMES FRANÇAIS POUR LES COMMENÇANTS, 4e édition. . . . . » 30

RECUEIL DE FABLES en prose et en vers, par M. *L. Dantec*, sous-inspecteur des Ecoles primaires. . . » 50

NOTIONS ÉLÉMENTAIRES D'HISTOIRE ANCIENNE, à l'usage de la jeunesse, par M. *Duplessis*, ancien Recteur de l'Académie de Douai, un vol. in-18. . . . » 60

LEÇONS SUR LA TENUE DES REGISTRES ET LA RÉDACTION DES ACTES DE L'ÉTAT-CIVIL, données aux élèves de l'École normale primaire de Douai. 1 »»

COURS PRATIQUE d'histoire élémentaire. . . . . 1 »»

AVANT D'ALLER EN VACANCES, comédie morale en deux actes. . . . . » 60

LES OEUVRES COMPLÈTES D'HORACE, traduites en vers français par M. *B. Kien*, avocat à la Cour d'appel de Douai, 2 vol. in-12. . . . . 6 »»

ETUDE CRITIQUE SUR LA VIE DE Mme DE MAINTENON, par M. *Gustave Merlet*, in-8°, avec portrait de Mme de Maintenon. . . . . 2 »»

REMARQUES SUR LE PATOIS. . . . . 2 »»

La collection complète de l'INSTITUTEUR DU NORD ET DU PAS-DE-CALAIS, depuis 1837 jusqu'à ce jour, formant chaque année un beau volume in-8°. Prix, le volume. 3 50

GRAMMAIRE FRANÇAISE,

Par J. DESCAMPS.

OUVRAGE ADMIS PAR LE CONSEIL DE L'UNIVERSITÉ POUR LES BIBLIOTHÈQUES DES ÉCOLES NORMALES.

SE TROUVE :

A DOUAI, chez l'auteur et chez Mad. ve. *Lemâle*.
A LILLE, chez *Béghin*, libraire.
A VALENCIENNES, chez *Lemaître*, libraire.
A AVESNES, chez *Bourgeois*, id.
A SAINT-POL, chez *Carette-Labitte*, id.
A PARIS, chez *Fouraut*, rue St.-André-des-Arcs, 47.

www.ingramcontent.com/pod-product-compliance
Lightning Source LLC
Chambersburg PA
CBHW071845200326
41519CB00016B/4239

* 9 7 8 2 0 1 3 0 1 5 6 4 6 *